致加西亚的信

[美] 阿尔伯特·哈伯德 著　文轩 译

A MESSAGE
TO
GARCIA

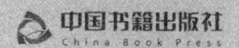

图书在版编目（CIP）数据

致加西亚的信/（美）阿尔伯特·哈伯德著；文轩译.—北京：中国书籍出版社，2016.9
ISBN 978-7-5068-5901-1

Ⅰ.①致… Ⅱ.①阿…②文… Ⅲ.①职业道德—通俗读物 Ⅳ.① B822.9-49

中国版本图书馆 CIP 数据核字（2016）第 247056 号

致加西亚的信

（美）阿尔伯特·哈伯德 著，文轩 译

图书策划	牛 超　崔付建
责任编辑	戎 骞
责任印制	孙马飞　马 芝
出版发行	中国书籍出版社
地　　址	北京市丰台区三路居路 97 号（邮编：100073）
电　　话	（010）52257143（总编室）（010）52257140（发行部）
电子邮箱	eo@chinabp.com.cn
经　　销	全国新华书店
印　　刷	三河市华东印刷有限公司
开　　本	880 毫米 ×1230 毫米　1/32
字　　数	185 千字
印　　张	5.75
版　　次	2017 年 1 月第 1 版　2020 年 1 月第 2 次印刷
书　　号	ISBN 978-7-5068-5901-1
定　　价	28.00 元

版权所有　翻印必究

前　言

　　《致加西亚的信》和《自动自发》是历史上最伟大的出版物之一。它们是企业培训员工的最佳教程，改变了无数企业和员工的命运。同样，它们也创造了无数机会与财富。

　　1899年，美国人阿尔伯特·哈伯德完成《致加西亚的信》一书。该书用平实的语言、质朴的文笔，讲述了决定个人一生命运的最重要、最关键的品质——敬业、忠诚。该书告诉人们，一个人真正所要做的，不是麻木机械地遵守上级或他人的命令，而是需要一种内在的敬业精神，对上级的托付，立即采取行动，全心全意去完成任务——就像罗文把信送给加西亚一样。

　　100多年来《致加西亚的信》在全世界广泛流传，被翻译成不同语言的版本，累计销售量近8亿册，被美国《出版商周刊》评选为有史以来世界最畅销图书第六名。书中所推崇的忠于职守、坚守承诺、敬业、服从和荣誉的观念，影响了一代又一代人，一个又一个国家。

　　1900年，在继《致加西亚的信》之后，阿尔伯特·哈伯德完

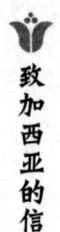

成了其一生中的另一本杰作——《自动自发》。《自动自发》是阿尔伯特·哈伯德个人思想的精华总结,书中对强调敬业、忠诚、主动、勤奋的"罗文精神"作了进一步阐释,强调坚持这些观念才能改变人生。

从问世之日起,《自动自发》就和《致加西亚的信》一道,成为世界众多企业、组织提升员工素质的必读书目。

希望本书能唤起人们对工作的热情,把敬业和忠诚的观念深深植入自己的内心。

感谢阿尔伯特·哈伯德,感谢所有敬业、忠诚、主动、勤奋的人们!

目录

致加西亚的信

献　词
003

遍地都是有才华的穷人
005

原出版者手记
007

1913年作者序言
009

致加西亚的信
012

一本令人惊讶的书
017

上帝为你做了些什么
019

怎样送信给加西亚
028

致加西亚的信

自动自发

序言：你属于哪类人
055

第一章
对待工作：勤奋
059

第二章
对待公司：敬业
091

第三章
对待老板：忠诚
113

第四章
对待自己：自信
157

致加西亚的信

献　词

100多年来《致加西亚的信》在全世界广泛流传,成为有史以来最畅销的书籍之一。你便是这个递信者!在这里,谨以此书献给所有能把信带给加西亚的人,这个世界哪里都有有才华的穷人。而文明,便是为了积极地寻找这种人才的一段长远过程。本书所推崇的关于敬业、忠诚的观念影响着一代又一代人!

阿尔伯特·哈伯德的商业信条

相信自己。

相信自己所售的商品。

相信自己所在的公司。

相信公司同事和助手。

相信美国的商业方式。

相信生产者、创造者、制造者、销售者,以及世界上所有正在努力工作的人们。

相信真理就是价值。

相信愉快的心情,也相信健康。我相信成功的关键并不是赚钱,而是创造价值。

相信阳光、空气、菠菜、苹果酱、酸乳、婴儿、羽绒和雪纺绸。

请始终记住,"自信"就是英语里最伟大的单词。

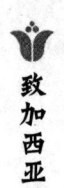

相信自己每销售一件产品，就交上了一个新朋友。

相信当自己与一个人分别时，一定要做到当我们再见面时，他看到我很高兴，我见到他也愉快。

相信工作的双手、思考的大脑和爱的心灵。

遍地都是有才华的穷人

管理者们常常发出这样的感叹——到哪里能找到将信送给加亚西的人?

如今的许多年轻人频繁跳槽,并认为善于投机取巧是件光彩的事。一旦失去监督他们就懈怠下来,甚至就不再工作。他们在工作时推诿塞责,画地为牢,不思自省,为遮掩自己缺乏责任心搬出种种借口。懒散、消极、怀疑、抱怨……种种职业病如同瘟疫一样在企业、政府机构、校园中蔓延,无论付出多大的努力都无法彻底消除。

如果你缺乏责任心、没有敬业精神的话,即使你很有才华,也无法顺利前行。

有才华的穷人遍地都是,充斥着这个世界。

有一个年轻人受过良好教育、才华横溢,在公司里却长期得不到提升。原因很简单:他缺乏独立承担责任的勇气,也不愿意自我反省,养成了种种恶习,如嘲弄、吹毛求疵、抱怨和批评等;很快,他根本无法独立自发地做任何事,除非是在被迫和监督的情况下才能工作。他认为,敬业是老板剥削员工的手段,忠诚是管理者愚弄下属的工具。由于他在精神上与公司格格不入,他就无法真正从公司受益。

后来我劝告他:有付出才有收获。如果决定继续工作的话,

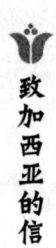

你应该衷心地给予公司老板同情和忠诚，并引以为豪。如果你无法不中伤、非难和轻视你的老板和公司的话，放弃这个职业，从旁观者的角度审视自己的心灵。只要你依然是某一机构的一部分，就请不要诽谤它，不要伤害它，因为轻视自己所就职的机构就等于轻视你自己。

到哪里能找到将信送给加亚西的人？管理者们常常发出这样的感叹。

有关如何把信送给加西亚的故事，有关送信人罗文，有关《致加西亚的信》这本书……全世界已广为流传。"送信"在不知不觉间也变成了一种具有象征意义的东西，变成了忠于职守，忠于承诺，敬业、服从和荣誉的象征。

有些评论家以为《致加西亚的信》是一本站在管理者角度写出的书，有失偏颇，对员工来说不公平。我认为，忠诚和敬业的最大的受益者是我们自己，是整个社会，而并不仅仅是有益于公司和老板。一旦养成某种职业的责任感和对事业高度的忠诚，你便成为了一个值得信赖的人，一个可以被委以重任的人。这样的人老板会非常重视，因此他们永远不会失业。而那些懒惰、终日抱怨和四处诽谤的人，即使独立创业，也因为这些恶习很难获得成功。

这一浅显的故事和简单的概念超越了许多大学里所教导的那些理论。它的影响已不再局限于一个人，一个企业、一个国家，甚至是整个人类文明的发展都有赖于此。

正如《致加西亚的信》所说："文明，就是为了积极地寻找这种人才的一段长远过程。"

原出版者手记

阿尔伯特·哈伯德创办了纽约东欧罗拉的罗伊科罗斯特出版社。同时,他是一位坚强的个人主义者,终生坚持不懈、勤奋努力地工作。然而,1915年德国水雷把路西塔尼亚号轮船击沉,这一切也随之消失,过早地消失了。

1859年,哈伯德出生在伊利诺伊州的布鲁明顿,此地后来因罗伊科罗斯特出版社所出版、印刷、发行的优质出版物而闻名。阿尔伯特·哈伯德在罗伊科罗斯特出版社工作的日子里,出版了两本杂志:《菲士利人》和《兄弟》。杂志中的许多文章均由他本人创作。哈伯德还致力于公众演讲,在写作、出版的同时,在演讲台上也取得了惊人的成就。

《致加西亚的信》甫一出版,便赢得了非同寻常的赞扬,这是作者始料不及的。

安德鲁·罗文便是这个故事中的英雄——那个送信的人,他同时是美国陆军一位年轻的中尉。美国总统威廉·麦金莱急需一名合适的特使去完成一项重要的任务,军事情报局将安德鲁·罗文推荐给总统。当时正是美西战争爆发的时候。

在没有一个护卫的情况下,罗文中尉独自出发了。后来,当他秘密地登陆古巴岛,古巴的爱国者们给他派了几名当地的向导。再后来,他自己非常谦逊地描述那次冒险经历:"我仅仅遭遇了几名敌人的包围,然后设法从中逃出来并把信送给了加西亚将军。"——这是一个掌握着决定性力量的人。

正是经过无数次意想不到的偶然因素与个人的努力,这件事才能成功。一开始这位年轻中尉便迫切希望完成任务,他有着无畏的勇气,不屈不挠的精神。

后来,为了表彰他的贡献,美国陆军司令为他颁发了奖章,并高度地称赞了他:"这个成绩是军事战争史上最具冒险性和最勇敢的事迹之一。"这一点是毋庸置疑的,但是,除此之外还要注意到,取得成功最重要的因素并不仅仅是他杰出的军事才能,还因为他优良的道德品质。因此,罗文中尉的事迹将永垂不朽。

1913年作者序言

1899年2月22日——华盛顿的诞辰日——我们准备出版3月份《菲士利人》。这天我饭后仅仅花了一个小时的时间，便完成了《致加西亚的信》这本小册子。

当时我正试图鼓励那些行为不良的市民提高觉悟，帮助他们重新振作起来，不再浑浑噩噩，无所事事。于是，我心潮澎湃，在劳神费力的一天结束后写下了这本小册子。

这部作品的创作灵感来自于一个喝茶时的小小辩论——当时我的儿子认为罗文应该是古巴战争中真正的英雄。因为罗文只身一人把信送给了加西亚，这是一件多么了不起的事情。

孩子是对的，英雄就是做了自己应该做的工作之人——把信送给加西亚的人。他的这段话就像火花一样点亮了我的灵感！于是我立即从桌子旁跳了起来，伏案写下了这本《致加西亚的信》。写成之后，我毫不犹豫地将这篇还没有标题的文章登在了当月的杂志上面。很快，第一版被抢购一空，不久，请求加印3月份《菲士利人》的订单像雪片般飞来。接着，50份、100份……我特意问一个助手究竟是哪一篇文章引起了如此般的轰动，因为美国新闻公司向我订购了1000份。我的助手说："是有关加西亚的那些材料。"

第二天纽约中心铁路局的乔治·丹尼尔竟然也发来了一份电报："订购10万份以小册子形式印刷的关于罗文的文章……请报

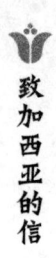

价……封底有帝国快递广告……用船装运……需要多长时间。"

我马上为他提供了报价。由于当时的印刷设备十分简陋，10万册书听起来是一个十分可怕的数字，于是我们答应在两年时间内提供那些小册子。

我向丹尼尔先生承诺，将会按照他的方式来重印那篇文章，后来竟然是他销售和发送了近50万本这样的小册子，其中的两三成都是由丹尼尔先生直接发送的。这篇文章同时在两百多家杂志和报纸中转载刊登，如今已被翻译成各种各样的文字，在全世界流传。

当时俄罗斯铁道大臣西拉克夫亲王也在纽约，恰巧在丹尼尔先生发送《致加西亚的信》之时。他受纽约政府之邀来访，丹尼尔先生亲自陪同其参观纽约。亲王也因此看到了这册小书，并对它产生了极大的兴趣。引起亲王注意的最重要的原因，很可能是丹尼尔先生是以大写字母的形式出版的。亲王让人将那书译成了俄文，在回国后，把它发给每一位俄罗斯铁路工人。

这时，其他国家也纷纷跟着效仿，于是这本小册子从俄罗斯流向德国、法国、西班牙、土耳其、印度和中国。

在日俄战争期间，俄罗斯上前线的每一位士兵必须人手一册《致加西亚的信》。后来，日本士兵在俄罗斯士兵的遗物中发现了这些小册子，他们认为这些十分有价值，于是，日文版也由此诞生了。

每一位日本政府官员、士兵乃至平民都被日本天皇要求人手一册《致加西亚的信》。

迄今为止，《致加西亚的信》的印数高达4000万册，这在一个作家的有生之年,乃至在所有的文学生涯中,没有人可以获得如此成就,也没有任何一本书的销量可以达到这个数字!

这一系列的偶然的事件构成了人类的历史。

致加西亚的信

如果你为一个人工作，以上帝的名义：为他干活！

如果他支付你薪水，使你得以温饱，为他工作——称赞他，感激他，支持他的立场，和他所代表的机构站在一起。

如果能够量化的话，一盎司忠诚相当于一磅智慧。[1]

与古巴有关的事件有许多，但其中的一个人让我始终忘不了。

在美西战争爆发后，美国必须立即同加西亚取得联系，他是古巴的反抗军首领。没有人知道加西亚的藏身之处，因为他在古巴丛林里打游击，很难带信给他。然而，尽快联系到他并与其合作，是当下美国总统必须立即解决的事情。

怎么办才好？

这时有人向总统提议："有一个人有办法找到加西亚，只有他才能办到，这个人叫罗文。"

于是总统立即将罗文召来，并把写给加西亚的信交给罗文。至于这位名叫罗文的人，怎样拿了信，怎样将它藏进一个油纸袋里，怎样放在胸口，经过三个星期之后，怎样徒步走过一个危机四伏的国家，怎样将这封信交给加西亚——这些细节都不是这里

---

[1] 盎司：英制计量单位。1盎司约等于28克。磅：英制计量单位。1磅约等于454克。

的重点。我所要强调的是：在接过美国总统的信之后，罗文并没有问："他在什么地方？"

像罗文这种人我们应该为他塑造不朽的雕像，并将它放在每一所大学里。年轻人需要这样的敬业精神，对上级的嘱托，立刻采取行动，全心全意去完成任务——"将信送给加西亚"。这种精神比学习书本上的知识，聆听他人的各种教导更为必要。

如今罗文已不在人间，但还有其他的罗文不断出现。

通常需要众多员工的企业经营者，总会因员工无法或不愿专心去做一件事而大吃一惊。这些员工的懒散无纪、漠不关心、做事马马虎虎的态度，似乎已经成为常态，若不是苦口婆心、威逼利诱地叫属下帮忙，或者神迹降临——上帝派一名助手给他，否则，他们不会把事情办成。

我们可以做一个试验：你坐在办公室，旁边有六名职员。接下来，你把其中一名叫来，对他说："请帮我查一查百科全书，把某某的生平做成一篇摘录。"

然而，那个职员会静静地答应，然后就去执行吗？

我敢说他绝不会，他极可能会满脸狐疑地提出一个或几个问题：

他是谁呀？

他去世了吗？

哪套百科全书？

百科全书放在哪儿？

这是我的工作吗？

为什么不叫查尔斯去做呢？

急吗？

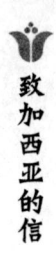

你为什么要查他？

……

我敢跟你打赌，当你回答了他所提出的所有问题，并解释了该怎样去查那个资料，以及需要那个资料的理由之后，那个职员会走开，而去寻求另外一个职员的帮助，最后，他会回来对你说，根本查不到这个人。如果你是一个聪明的人，是不会浪费时间对你的职员解释——某某编在什么类，而不是什么类，你通常是满面笑容地说："算啦。"然后自己动手。

社会很可能会因这种被动的行为，这种道德的愚行，这种心灵的脆弱，这种姑息的作风，被带到三个和尚没水喝的危险境界。如果人们都不能为了自己自动自发，你又怎能期待他们为别人采取行动呢？

当你登广告征求一名速记员，在应征者中，大部分人不会拼也不会写，他们甚至不认为这些是必要条件。这种人能把信带给加西亚吗？

一个大公司的总经理曾经对我说："你看那职员。"

"我看到了，他怎样？"

"他应该是个不错的会计，但是，如果有个小差事需要他到城里去办，他可能会完成任务，他也可能中途走进一家酒吧，而当他到了闹市区，他根本就忘记来城里是做什么的了。"

你能派这种人送信给加西亚吗？

近些年来有许多人，对"那些仅仅得到一点廉价工资又无出头之日的工人"以及"那些为求温饱而工作的无家可归的人士"表示同情，与此同时，他们毫不留情地将雇主训斥一顿。没有人同情这些老板,他们不知老板一直到年老,都难以令那些不求上进的懒虫做点正经的工作。也没有人因为这些老板长久而耐心地想感动那些投机取巧的员工而生出同情之心。

每个商店和工厂都会出现持续的整顿过程。公司负责人经常开除那些无所事事的员工,同时也不断吸收新的员工。不管业务如何忙碌,这种整顿一直在持续进行着,当公司不景气,就业机会不多的时候,整顿才会显现出效果——那些无法胜任、没有才能的人,都将被公司所淘汰,只有真正能干的人,才会存活下来。为了自身的利益,每个老板只保留那些最佳的职员——那些能把信送给加西亚的人。

以前有一个聪明人,但他没有创业能力,对别人来说,他便失去价值,他总是病态地怀疑雇主在压榨他,或存心压迫他。因此,他无法接受命令。如果这时有一封信需要交给加西亚,他的回答极可能是:"你自己去吧。"这种道德不健全的人并不比一个四肢不健全的人更值得同情,但是,那些努力去经营一个大企业的人,他们应该赢得我们的尊敬。他们不会因为下班了而停止工作,他们因为试图改正那些漠不关心、偷懒被动、没有职业素养的员工而白发日益增多。假设他们不这样做,那些员工将会因此挨饿甚至无家可归。

可能我说得太严重了,不过,为了避免这个世界变成贫民窟,我要为成功者申辩——在成功机会极小之时,他们引导别人的力量,终于获得了成功。但是从成功中他们一无所得,除了食物外,就是一片空虚。

曾经我仅仅是为了温饱而替人工作,后来也曾当过老板,因此,我知道其间的种种甘苦。贫穷当然是不好的,贫苦也不值得

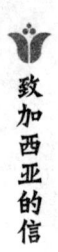

推介。但老板也并非都是贪婪和专横的人，就像并非所有的人都是善良的人一样。

我钦佩那些不论老板是否在办公室都会努力工作的人，那些能够把信交给加西亚的人也同样令我敬佩。他们静静地带走信，没有任何多余的疑问，更不会随手把信丢进水沟里，他们总是义无反顾地将信送达目的地。这样的人永远不会被解雇，也永远不必为了要求加薪而罢工。因为焦心地寻找这种人，文明得以诞生。这种人的任何要求都会得到满足，他将受到城市、村庄、乡镇以及每个办公室、商店、工厂的欢迎。

整个世界都需要这种人才，只有他们才能将信送到加西亚的手中。

阿尔伯特·哈伯德

一本令人惊讶的书

世界赋予了它巨大的褒奖，除了金钱外还有荣誉。这仅仅是因为一件事，那就是主动性。什么是主动性呢？让我告诉你：没被人要求却在做着恰当的事情。

《致加西亚的信》能够提供一些重要的启示给管理者乃至他的团队。《致加西亚的信》看似是一本劝告员工如何敬业和勤奋工作的书籍，然而经过一个世纪的时间，事实证明它可以在不同领域被人们应用。

美国西点军校和海军学院的学生长期以来都要学习一门关于自立和主动性的课程，而他们的教材就是这本名为《致加西亚的信》的小册子，它影响着一代又一代的学员。

在政界这本书也是培养公务员敬业守则的必读书。许多政要深受其影响，甚至包括布什家族成员。布什还曾把它赠送给了自己的助手，当然，他在这本小硬皮书里签上了自己大名。这本《致加西亚的信》现在依然放在办公室最后一张桌子上，尽管它窄小得如同一本支票簿。布什在签名时还特别写下了这样一句话："你是一个送信者！"他解释说："我希望将它献给所有那些在政府建立之初的我的同行们……我急切地需要那些能把信带给加西亚的人，并希望他们成为我们的一员。他们是不需要监督而且具有坚毅和正直品格的、能改变世界的人！"

布什之所以读到这本书是因为赖特。赖特作为奥兰多的一名律师，长期效力于布什以及其曾为前任总统的父亲。1998年赖特向布什推荐了这本书，当时布什正在竞选总统。

后来赖特回忆说："我们不能抱怨。我的道德标准是：我们应该全力以赴地完成我们得到的任何一个工作。当我向这位候选人推荐这本书时，他认为自己应该不会对这书感兴趣。而我则坚持了自己的推荐。等到我再次碰到他时，他已经读完了这本书。他也作出了我预料中的反应：'这本书太令人惊讶了，它把一切都说了。'"

另外，还有一些政府机构甚至把这本书的复印稿钉在墙壁上，纸上写满不同人的签名，因为政府官员要求读过《致加西亚的信》的人必须签上自己的名字。

《致加西亚的信》出版于1899年，其中的故事则发生在1898年。但是它所传递的精神，成为了一代又一代领导者的信念。尤其有一段文字更是发人深省：

美国总统交给罗文一封写加西亚的信，但是罗文并没有问"他在什么地方"。我们应该为罗文这种人塑造不朽的雕像，并将它放在每一所大学里。年轻人需要一种敬业精神，对上级的托付，立即采取行动，全心全意去完成任务——"把信送给加西亚"。这比从书本上学习知识，聆听他人种种的指导更为必要。这本书并不仅仅是一首英雄的赞歌，它是一本成功的励志著作，每个人都应该去读，它是做人做事的标准：不畏艰难，用自信来完成所托的任务。

威廉·亚德利

上帝为你做了些什么

每个地方你都能遇到许多失业者。细心和他们交谈时，你能发现他们充满了抱怨、痛苦和诽谤。这就是问题所在——他们吹毛求疵的性格使他们摇摆不定，也使自己发展的道路越走越窄。

100多年以前，一篇仅仅是为了凑数的文章被编辑进了一本即将出版的杂志里。这篇文章写的是一个美国士兵的故事。正是这篇表面看上去平凡无奇的文章，后来竟然成了印刷史上销量最高的出版物之一。它就是《致加西亚的信》。

一篇文章被译成多种文字出版，销量高达几亿册。究竟这篇文章有什么重要价值，竟然在世界上引起如此大的轰动？

1899年一个名叫阿尔伯特·哈伯德的人为一本名叫《菲士利人》的杂志写了一篇评论。喝茶的时候，哈伯德和他的儿子讨论起了美西战争。

每一个人都为古巴起义军首领加西亚而喝彩，因为他在古巴的战役中起到了关键作用。然而哈伯德的儿子伯特，却提出了不同的观点。"在我看来，战役中真正的英雄不是加西亚将军，而是罗文中尉，那个把信送给加西亚的人。"儿子的话令哈伯德的心久久不能平静。

于是哈伯德写下了《致加西亚的信》，这篇文章随杂志一起出版发行。开始他并没有注意这篇文章，但后来要求重印杂志的呼声越来越高，才使他不得不加以关注。重印的订单一个接一个地飞来，供不应求致使杂志陷入了困境。

看着这些大量的订单，哈伯德感到迷惑不解。他在想，人们为什么会对这本杂志情有独钟呢？得到的答案令他惊讶不已：人们为的是那篇"凑数"的文章。10万份的订单，50万份的订单，100万份的订单……因为他的印刷能力承受不了，最后，哈伯德不得不将印刷发行的版权给予那些需要大量份数的人。

一个名叫安德鲁·萨莫斯·罗文的默默无闻的人，为什么有这么多的人对他感兴趣呢？原因就是：每个人都在寻找像罗文这样独特的人。

1895年，古巴人民正在为摆脱西班牙统治者，为了争取民主独立而斗争。古巴岛惨遭西班牙士兵的压迫和奴役，那里的人民充满了对自由的渴望。美国人对古巴也产生了浓厚的兴趣，不仅因为两国是邻国，还因为那里也有美国人的投资项目。1897年在哈瓦那大街上发生的古巴民族主义者与西班牙士兵的暴力冲突，引发了大规模的骚乱，致使古巴境内的形势急剧恶化。麦金莱总统向古巴领海派遣了主力舰，这是作为美国政府的显著标志。这艘舰也被作为美国政府下决心保护其在古巴利益的象征，一直停靠在哈瓦那港湾。在反对西班牙的战役中由于一些难以克服的现状，这艘主力舰一直没有参战。

然而1898年2月15日的一次爆炸击沉了这艘主力舰。这次挑衅行为给美国人民拉响了警报。因其爆炸地点离美国海岸不足一百里，麦金莱向西班牙下了最后通牒：远离古巴。

4月，美国与西班牙开战了。这就是历史上的美西战争，这场战争不仅解放了古巴，也解放了菲律宾群岛。

在宣战以前，麦金莱总统曾经会见了美国军事情报局局长——阿瑟·瓦格纳上校,麦金莱总统问道:"到哪里可以找到一个把信送给加西亚的人?"古巴起义军与美国的合作就是这次作战成功的关键,所以与起义军的首领加西亚将军——一个生于古巴的克里澳尔人取得联系是非常必要的。在古巴丛林里,加西亚领导起义军与敌人战斗,是西班牙军队逮捕的对象。没有人知道他究竟在哪里。

阿瑟·瓦格纳上校毫不犹豫地对总统说:"如果有人能把信送给加西亚,那么他就是罗文——一个年轻的中尉,安德鲁·萨莫斯·罗文。"

一小时后,给加西亚的信摆在了罗文面前。没提出任何疑问,罗文走上了寻找加西亚的旅途。

罗文当时并没有问:"他是什么模样?他在哪里?我如何才能到那儿?怎么样与他联系?"他只是默默地接受了命令,做了他应该做的。罗文把信送给了加西亚,并且带回了答复。

在我们之中有罗文吗?有谁不需要雇主引导而能独立完成工作?有人不需要对上司提出疑问就能自动自发地把信送给加西亚吗?如果不能,那么老板就得亲自做了。让一个人去完成一项任务,下一次见到他的时候,他会说:"我已经完成那项任务了,还有需要我做的吗?"我在哪里可以找到这样的人呢?我可以找到一个罗文吗?有能把信带给加西亚的人吗?他们就在外面,只不过少之又少而已。

现在可能有一些罗文正在读这篇文章。他们将会成为非常优秀的人物。非常意味着超越平常。那些人不仅仅会做别人要求他们做的,而且会超越其他人的想像,追求完美。

以下文字摘录于一百多年前阿尔伯特·哈伯德写的文章,但

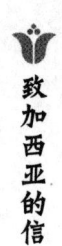

听起来却像是写于今日：

……我准备强调的是：罗文在接过美国总统的信之后，并没有问："他在什么地方？"

我们应该为罗文这种人塑造不朽的雕像，并将它放在每一所大学里。这一种敬业精神，对上级的托付，立即采取行动，全心全意去完成任务——"把信送给加西亚"的精神是年轻人需要的。这比学习书本上的知识，聆听他人种种的指导更有必要。

如今罗文已不在人间，但还有其他的罗文不断出现。通常需要众多员工的企业经营者，总会因员工无法或不愿专心去做一件事而大吃一惊。这些员工懒散无纪、漠不关心、做事马马虎虎的态度，似乎已经成为常态，若不是苦口婆心、威逼利诱地叫属下帮忙，或者神迹降临——上帝派一名助手给他，否则，没有人能把事情办成。

我们可以做一个测试：假设你坐在办公室，旁边有六名职员。接下来，你把其中一名叫来，对他说："请帮我查一查百科全书，把某某的生平做成一篇摘录。"

然而，那个职员会静静地答应，然后就去执行吗？我敢说他绝不会，他很可能会满脸疑问地提出一个或数个问题：

他是谁呀？

他去世了吗？

找哪套百科全书？

百科全书放在哪儿？

这是我的工作吗？

为什么不叫查尔斯去做呢？

急吗?

你为什么要查他?

……

虽然已经过去了一百多年,但是人们并没有多少改变。每当我把任务交给别人的时候,他们仍然会先反问我一堆问题。每次,我总是这样对自己说:"这个可怜的人不能把信送给加西亚。"

能把信送给加西亚的人是很少有的。很多人满足于平庸的现状,对此我无法理解。因为你下定决心要成功,你正在走向成功;你正在走向成功是因为你选择生活,而不是让生活选择你。你可以选择"做一天和尚撞一天钟"的生活,也可以选择一个完美的生活。

在《马太福音》中,我看到了一个有意思的故事。耶稣和他的弟子经过了长途跋涉,他们感到疲惫饥渴。耶稣走到一棵漂亮的小树前,但树上却没有果实。因为如此,耶稣诅咒了它。

第二天,当他们路过这棵树的时候,一名弟子发现它已经枯死了。

最近,我在读这则故事的时候,特意做了一些注脚,然后在我先前读过的书里仔细查询了一番。这篇经文里面说那棵树是因为没到季节所以才没结果实。我的问题很明显就是:"上帝啊,难道你不觉得对那棵树的惩罚太过严厉了吗?要知道,那个季节没有树会结果实的。"

就在当晚的凌晨两点,我从床上坐了起来,因为上帝对我说话了。他说:"假设你所做的一切都会自然发生,那么人们就不会记得我了。"

上帝不希望我们只做那些与生俱来的事情，只做那些顺手、舒适、方便的事情。

顺其自然对于我们来说，就是平庸无奇的。平庸是你我的最后一条路。

耶稣以诅咒一棵小树为例，告诉我们应该如何去做。他希望那棵树不但要多产，而且要终年结果实。

为什么可以选择更好时，我们却总是选择平庸呢？如果你可以在一年之外再多弄出一天，那为什么不利用这第366天呢？为什么我们只能做别人正在做的事情？

如果一个人始终顺其自然的话，那么他就永远不可能赢得奥林匹克竞赛的胜利。恰恰相反，那些最终获得金牌，将荣誉带回家的运动员必须超越已有的记录。我厌倦了平庸。哈伯德写的如下这些话与我的感觉基本一致：

近来有大量的人，对"那些为了一点廉价工资而又无出头之日的工人"以及"那些为求温饱而工作的无家可归的人士"表示同情，与此同时，他们毫不留情地把雇主训斥一顿。

但没有人同情这些老板，他们一直到年老，都难以令那些不求上进的懒虫做点正经的工作。也没有人因为这些老板长久而耐心地想感动那些投机取巧的员工而生出同情之心。我是否说得太严重了？不过，当整个世界变成贫民窟，我要为成功者说几句同情的话……

我钦佩的是那些不论老板是否在办公室都会努力工作的人，我也敬佩那些能够把信交给加西亚的人。他们静静地把信拿去，不会提出任何蠢笨问题，也不会随手把信丢进水沟里，而是竭尽全力地把信送到。这种人永远不会被解雇，也永远不会为了要求加薪而罢工。文明，就是为了焦心地寻找这种人才的一段长远过程。这种人无论要求任何事物都会获得。在每个城市、村庄、乡镇，以及每个办公室、商店、工厂……他无论在哪里都会受到欢迎……世界急需这种人才，需要这种能够把信送给加西亚的人。

不要总说别人对你的期望值比你对自己的期望值高。如果在你所做的工作中找到失误，那么你就不是完美的，你也不必找借口。要承认这并不是你的最佳状态。千万不要挺身而出去捍卫自己的不足之处。当我们可以选择完美时，却为何偏偏选择平庸呢？我讨厌人们说那是因为性格使然，是性格让他们的要求不要太高，我讨厌听到人们说："我的个性与你不同，我并没有你那么大的野心，我的性格与你不同，那不是我的天性。"

我给他们的答案是："改变。"事实上，它就是一个决定的问题。作一个去改变的决定吧！

上帝所给予你的一切，你会怎么处理？你甘心与周围的人一样平庸？

韦纳·冯布劳恩是美国国家航空宇航局的空间研究开发项目的主设计师，同时也是阿波罗4号计划的主设计师。他说这项计划与土星5号火箭有着紧密切的关系，因为在这项任务中将由土星5号火箭来推动宇宙飞船。土星5号火箭由560万个部分组成。即使我们有99％的精确性，但是仍然还有5600个有缺点的部分。然而阿波罗4号计划作了一次示范飞行后，只发现有两个反常情况，这证明精确性为99.999％。

如果一部由13000部分组成的汽车有同样的可靠性的话，那

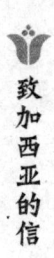

么它第一次发生故障通常将会是在10年以后。为什么我们的汽车没有土星5号火箭那样的精确性呢？因为美国国家航空宇航局把它们放在了一个比汽车工业更高的标准之上。在对自己的要求中我们应该去效仿美国国家航空宇航局。为我们自己去定一个高于其他人的标准，这是上帝正让我们寻求完美。

你应该扪心自问："把信送给加西亚我能做到吗？如果有人告诉我他藏在古巴的丛林中，我能不能把信送给他？如果我不知道他的样子，或者不知该往何处寻找，我能做得到吗？"如果你正无计可施，面临道路选择时，你就应该知道机会就在转角处，希望总会在前方的。如果你对成功已充满信心，那么我相信：你能行！

我们现在都变成了托辞专家——对于我们为什么不能去做我们决心去做的事，我们可以找出无数的借口。我们可以把工作做得更完美，然而，人们告诉我的却是各种各样的借口。

作为罗文，决定了就去做！可能一些事会拖累我们，可能会带给我们麻烦，使我们陷入泥沼当中，甚至淹死在其中。但是，为了完成任务，我一定要坚持，直至完成；即使有强烈的被压制感，我也不会辞职，也不会放弃。逃避并不是唯一选择。为我设置的任务我会圆满地完成，我会在生活的每一部分寻求完美。即使某一天我跌倒，也要重新爬起来。我会剖析自我，给自己施压，直到成功！

上帝，赐予我们像罗文一样的人吧！如果有人让我给加西亚送信，我想我能。也许你会认为我太自大了，但事实上这并不是自大，而是自信。我只知道，如果你递给我一封信并且说："把它送给加西亚。"我能将它带到。我也想让你把信送给加西亚，而且会做得最好！如果有人告诉你，你一生都无法获得成功，不要相信这些谎言。对于你来说，别人所说的消极事情，告诉你的负面的事情，都无关紧要。毅然做出决定，就要迅速采取行动。成功等于百分之一的灵感加百分之九十九的汗水。如果你付诸行动，你就能获得成功。

把信送给加西亚，你准备好了吗？

一枚刻着如下铭文的徽章一直挂在我办公室的墙上：

达到目的，做想做的梦。选择追求一个完美的生活。

把信送给加西亚！

马克·戈尔曼

怎样送信给加西亚

在做事情时，人们常常会遭受批评、中伤和误解。从某种意义上来说，这是对那些伟大杰出的人物的一种惩罚。当然，杰出是无须证明的。能够容忍谩骂而不去报复他人就是证明自己杰出的最有力证据——自己种下分歧的种子，必会自食其果。

因为有了这位英雄，阿尔伯特·哈伯德才创作了不朽的名作《致加西亚的信》。通过这部作品可以获取一种进取心，在这种追求中获得一种动力。即使我们自己付出再多的代价，为了国家也在所不惜。

——哈里斯

美国总统麦金莱问情报局长阿瑟·瓦格纳上校："怎样才能找到把信送给加西亚的人？"上校迅速答道："我的下属，一个年轻的中尉，安德鲁·罗文。如果找能把信送给加西亚的人，那么他一定就是罗文。"

总统下命令："派他去！"

总统的命令就三个字，如同上校的回答一样，干脆果断。找到把信送给加西亚的人是当务之急。

美国正在与西班牙交战。总统急切地希望得到有关情报，他认识到，美国军队只有与古巴的起义军紧密配合才能得到胜利。

他必须及时掌握西班牙军队在岛上的部署情况，包括士气、军官尤其是高级军官的性格、古巴的地形、一年四季的路况以及西班牙军队、起义军及整个国家的医疗状况、双方装备等等。除此之外，总统还希望了解在美国部队集结期间，古巴起义军需要得到怎样的帮助才能困住敌人，以及其他许多重要的情报。

一小时以后，正是中午，瓦格纳上校来通知我，让我下午一点钟到军部去。到了军部，上校一句话没说，而是带我上了一辆马车，车棚遮得严严实实的，行驶的方向完全看不清楚。空气很沉闷，车里几乎没有光线，上校首先打破了沉默，问道："下一班去往牙买加的船何时出发？"

我迟疑了一分钟，然后回答他："明天中午，一艘名为阿迪伦达克的轮船从纽约起航。"

上校显得很急切，"你能乘上这艘船吗？"

上校一直非常风趣，我想他不过是在开玩笑，调节一下气氛，于是半开玩笑地回答："是的！"

"那么，准备出发吧！"上校说。

马车在一栋房子前停了下来，我们一起走到大厅。上校走进里面的一间屋子，过了一会儿，他走到门口，向我招手示意进去。在一张宽大的桌子背后，美国总统正坐在那里。

"年轻人，"总统说，"有一项神圣的使命我们将派你去完成——把信送给加西亚将军。他可能在古巴东部的一个地方。你必须把情报如期安全地送达，这事关美国的利益。"

这时候，我才认识到这并非瓦格纳上校和我开玩笑，而是活生生的事实摆在面前，我的人生正面临着一次严峻的考验。但是，我的胸膛充斥着一种军人崇高的荣誉感，再也无法容纳任何

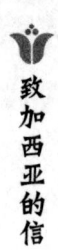

的犹豫和疑问。我静静地站立在那里，从总统手中接过信——给加西亚将军的信。

总统说完了以后，瓦格纳上校补充说道："我们想了解的一系列问题都在信中。除此之外，任何可能暴露你身份的东西都不要携带。我们不能冒险，历史上已经有太多这样的悲剧。大陆军的勒森·希尔、美墨战争中的利奇中尉，他们都是因为身上带着情报而被捕的，不仅生命牺牲了，机密情报也被敌人破译了。所以我们决不能失败，一定要确保万无一失。加西亚将军在哪里，没有人知道，你得自己想办法去找到他。以后所有的事全靠你自己了。"

"下午就去做准备，"瓦格纳上校紧接着补充说，"军需官哈姆菲里斯将送你到金斯顿上岸。之后，假若美国对西班牙宣战，许多战略计划都将根据你发来的情报制定，否则我们将束手无策。这项任务全权交给你一个人去完成，你责无旁贷，必须把信交给加西亚。火车午夜离开，祝你好运！"

我和总统握手道别。瓦格纳上校送我出门时还在叮嘱："一定要把信送给加西亚！"

我边迅速地做着准备，边考虑这项任务的艰巨性，我了解其责任重大并且复杂。现在战争还没有开始，甚至我出发时也不会爆发，战争的迹象就是到了牙买加之后仍不会有，但稍有一点闪失都会造成无法挽回的后果。如果美国宣战，尽管危险并没有减少，但是我的任务反倒减轻了。

当一个人的荣誉甚至他的生命都处于极度危险的情况中，当这种情况出现时，服从命令是军人的天职。国家的手中掌握着军人的命运，但军人的名誉却属于自己。生命可以牺牲，荣誉却绝对不能丧失，更不能遭到蔑视。这一次，我却无法按照任何人的指令行事，我得一个人负责把信送到加西亚的手中，并从他那里获得宝贵的情报。

我和总统及瓦格纳上校的谈话，并不清楚秘书是否记录下来。当前任务非常急迫，我已顾不了这么多了，脑海里一直在思考，我该采取什么行动，怎样才能将信送给加西亚。

乘坐的火车中午十二点零一分开车。我不禁想起一个古老的迷信，说星期五不宜出门。火车开车这天是星期六，但我出发时却是星期五。或许这大概就是命运有意安排的。但一想到自己肩负的重任，我已无暇顾及那么多了。于是，我的命运开始了。

前往古巴的最佳途径是牙买加，我听说在那里有一个古巴军事联络处，或许从那里可以找到一些加西亚将军的消息。于是，我坐上了阿迪伦达克号，轮船起航非常准时，一路上风平浪静。我尽量不和其他的乘客说话，沿途只认识了一位电器工程师。他教会了我许多十分有趣的东西。他们善意地给我起了一个绰号"冷漠的人"，因为我很少与其他乘客交流。

轮船一进入古巴海域，我就意识到了危险的存在。这些危险的文件就放在我的身上，它是美国政府写给牙买加官方证明我身份的信函。如果轮船进入古巴海域前战争已经爆发，根据国际法，西班牙人肯定会上船搜查，并且逮捕我，将我作为战犯来处理。尽管我乘坐的阿迪伦达克号挂着一面中立国的国旗，从一个平静的港口驶向一个中立国的港口，但这种情况下这艘英国船也可能被扣押。

我意识到问题的严重性，便把文件藏到头等舱的救生衣里，看到船尾绕过海角才如释重负。

致加西亚的信

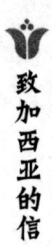

第二天早上九点我到达了牙买加,我开始四处想方设法找到古巴军人的联络处。牙买加是中立国,古巴军人的行动可以公开,因此我很快就联系上了他们的指挥官拉伊先生。在那里,我和他及其助手一起讨论如何尽快把信送给加西亚。

我于4月8日离开了华盛顿,4月20日,通过密码发出了我已到达的消息。"尽快见到加西亚将军。"这是4月23日我收到的密电。

我在接到密电几分钟后,就出现在了军人联络处的指挥部。有几位流亡的古巴人在那里,我以前从未见过这些人。当我们正在埋首研究一些具体问题时,一辆马车驶了过来。"时间到了!"一些人用西班牙语喊着。

紧接着,我甚至还没有来得及再说一句话,就被带到马车上。于是,我作为一个军人自服役以来最为惊险的一段经历开始了。马车夫是一个相当沉默寡言的人,我说什么他都不听,他根本不理睬我。我们的马车在迷宫般的金斯顿大街上疯狂地奔驰,速度一点也不减。我一直没与人交流说话,心里憋得难受。当马车穿过郊区离城市越来越远时,我实在憋不住了拍了拍马车夫,想和他说句话,但是他仿佛根本没听见。

可能他知道我此行目的,知道我是送信给加西亚,而把我尽快地送到目的地就是他的任务。我一直试图让他听我讲话,但他一直保持沉默。于是我只好坐回原来的位置,任凭他把马车驶向远方。

我们大约又行进了四里路,进入了一片茂密的热带森林,又穿过一片沼泽地,进入平坦的西班牙城镇公路,车停靠在一片丛林边上。外面有人打开了马车门,一张陌生的面孔出现在我面前，然后我就被要求换乘在此等候的另一辆马车。真是太奇怪了。一切似乎都早已计划好，一句多余的话也不用说，一分一秒都没耽搁。一分钟之后我又一次踏上了征途。

同第一个车夫一样，第二位车夫还是沉默不语，他洋洋自得地坐在车驾上，任凭马车飞奔。我主动和他说话也是白费口舌。我们已经过了一个西班牙城镇，来到了克伯利河谷，然后再进入岛的中央，那里有直通圣安斯加勒比海碧蓝的水域的路。

沿途我一直试图和车夫搭话，但是他似乎不懂我说的话，甚至连我做的手势也不懂。车夫就这样一直沉默。马车继续飞奔。地势渐渐升高，我感觉呼吸更畅快了。

太阳落山时，我们来到一个车站。

一些黑乎乎的东西从山坡上向我滚落下来。这是什么？难道西班牙当局预料到我会来，安排牙买加军官审讯我？

当我一看到这鬼魅般的东西出现，就十分警觉。结果是虚惊一场。

一位年长的黑人一瘸一拐走到马车前，他推开车门，送来两瓶巴斯啤酒和美味的炸鸡。他讲着一口当地的方言，我只能隐隐约约听懂他的几个单词，但我懂得他是在向我表示敬意。他给我送来吃的喝的是想借此表达自己的一份心意，因为我在帮助古巴西人民赢得自由。可车夫却像是一个局外人，他对炸鸡、啤酒和我们的谈话丝毫不感兴趣。

车夫换上两匹新马，他用力地抽打着马。我赶紧向黑人长者告别："再见了，老人家！"

顷刻间，我们已消失在夜色中。

虽然此次送信任务的重要性我早已经充分认识到，现在我们

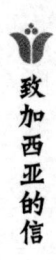

要刻不容缓地赶路，但我仍然被眼前的热带雨林所吸引。这里的夜晚和白天都非常美丽，所不同的是，白天在阳光下热带植物花香四溢，而夜晚则是昆虫的世界，这里处处引人入胜。

当夜幕刚刚降临时，这里就呈现出最壮丽的景观。无数萤火虫的闪光转眼间将落日的余晖代替，这些萤火虫以自己独特的美装点着树木。当我穿越森林看到这一独特景观时，仿佛进入了仙境。只是每当我一想到自己所肩负的使命，便无暇顾及眼前这些美丽的景色。

马车继续向前飞奔，只是马的体力有些不支了。突然间，丛林里响起了刺耳的哨声。一伙人从天而降，马车停了下来，一群全副武装的人把我们包围了。遭到西班牙士兵的拦截，我并不害怕，因为这是属于英国管辖的地方。只是这突然的停车使我格外紧张，心生警惕。要是这些人是英国军人那该多好呀！假如牙买加当局事先得到消息，知道我违反了该岛的中立原则，就会阻止我前行。

我的这种担心很快就消除了。小声地交谈了一番之后，我们又被放行上路了。

我们的马车大约一小时后停在了一栋房屋前，房间里闪烁着昏暗的灯光，一顿丰盛的晚餐等待着我们。这是联络处特意为我们准备的。

首先端上来的是牙买加朗姆酒。我简直已经忘记了自己的疲倦，也感觉不到马车已经走了九个小时，行程七十里，人马换了两班，只感觉到手中朗姆酒的芳香。

接着又收到一个指令。一个又高又壮的人从隔壁屋里走出，他留着长须，显得十分果断，一根手指看起来短了一截。他的眼神坚毅、忠诚，显示出其高贵的身份。他从墨西哥来到古巴，由于对西班牙旧制度提出质疑，当权者把他的一个指头砍掉，流放至此。他名叫格瓦希奥·萨比奥，负责给我做向导，将会带着我，直到把信送到加西亚将军手里。另外，他们还聘请当地人将我送出牙买加，这些人再向前走七里就算完成任务了，除了一个人，那就是我的"助手"。

休息一小时后我们就继续前行。就在离那座房子不到半小时路程的地方，又有人吹口哨，我们只好停下来下了车，悄悄地走过一里的荆棘之路，走进一个种着可可树的小果园。现在已经离海湾很近了。一艘渔船停泊在离海湾五十码的地方，小船在水面上微微摇摆。突然，船里闪现出一丝亮光。我猜想，这一定是联络信号，我们不可能被其他人发现，因为我们是悄无声息地到达的。格瓦希奥显然对船只的警觉很满意，作了回应。接着我和军人联络处的人匆匆告别，至此，我完成了给加西亚送信的第一段路程。

我们涉水来到小船旁。上船后我才看到在船舱里堆放了许多石块，都是用来压舱的，还有一捆捆长方形的货物，但这些不足以使船保持平稳。船舱里的巨石和货物占了大部分空间，我们坐在里面感觉很不舒服。格瓦希奥当船长，我和助手当船员。

我希望能够尽快走完剩下的三里路程，我向格瓦希奥表达了这样的愿望。对他们所提供的热情周到的帮助，我深感过意不去。他告诉我因为海湾狭小，风力不够，无法航行。船必须绕过海峡。我们很快就离开了海峡，正赶上微风。险象环生的第二段行程就这样开始了。

我毫不隐瞒地讲，我在与他们分别后，心里一直很焦虑。如

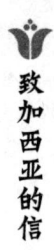

果我在离牙买加海岸三里以内的地方,不幸被敌人捉住,不仅无法完成任务,生命也会危在旦夕。

现在只有这些船员和加勒比海是我唯一的朋友。

再向北一百里便是古巴海岸,西班牙荷枪实弹的轻型驱逐舰经常在此巡逻。他们的舰上武器比我们先进,装有小口径的枢轴炮和机枪,船员们都持有毛瑟枪。这一点是我后来了解到的。如果在这里我们与敌人遭遇,他们只要随便拿起一件武器,就会使我们丧命。但我们必须找到加西亚将军,我必须亲手把信交给他。

我们的行动计划是,一直待在距离古巴海域三里的地方直到日落,然后快速航行到某个珊瑚礁上,等到天明。

如果敌人发现我们,因为我们身上并没有携带任何文件,敌人得不到任何证据。即使敌人发现了证据,我们可以将船凿沉。装满大石块的小船很容易沉下去,敌人根本无法找到尸体。

清晨的海面,空气非常清爽宜人。我已经劳累了一天,正想小睡一会儿,突然格瓦希奥大喊一声,我们全都站了起来。远方,可怕的西班牙驱逐舰正从几里外的地方向我们驶来。

他们用西班牙语下令我们停航。

其余的人都躲到船舱里了,除了船长格瓦希奥一个人掌舵。他镇定又懒洋洋地斜靠在长舵柄上,将船头与牙买加海岸保持平行。

船长头脑非常镇定冷静。"他们可能认为我是一个牙买加来的'独身的渔夫',也就可以过去了。"

事情果然在他预料之中。当驱逐舰离我们很近时,那位冒失的年轻舰长用西班牙语喊着:"钓着鱼没有?"

船长也用西班牙语回答："不，可怜的鱼今天早上就是不上钩！"

假如这位海军少尉，或许他是别的什么军衔，只要他稍微动动脑子，他就会逮到一条"大鱼"，而我也就没机会讲这个故事了。

当驱逐舰驶走，远离我们一段距离后，格瓦希奥命令我们吊起船帆，并转过身对我说："危险已经过去了，如果先生累了想睡觉，那现在就可以放心地睡了。"接下来的六个小时我终于睡了个安稳觉。要不是那些灼热的阳光晃眼，我也许还会在石头垫上多睡一会儿。

那些古巴人用他们颇感自豪的英语问候我："罗文先生！你休息得好吗？"

这里整天烈日炎炎，整个牙买加都被晒红了。天空像蓝宝石一样，万里无云。岛的南部到处是美丽的热带雨林，简直像一幅美妙神奇的风景画，而岛的北部比较荒凉。

笼罩在古巴上空的是一大块乌云。我们焦虑地看着它，然而它丝毫没有消失的迹象。风越来越大，这恰好适合我们航行。我们的小船一路顺风前进，船长格瓦希奥叼着根雪茄烟，愉快地和船员开着玩笑。

大约下午四点，乌云散尽。西拉梅斯特拉山上洒满了金色的阳光，显得格外神圣美丽。如诗如画的风景使我们仿佛进入了艺术王国。这里花团锦簇，山海相映，海天一线，壮观而美丽，世界上再也找不到这样的地方了。在海拔八千英尺的山上，竟然有绵延数百里的绿色长廊。

但是，此刻的我无暇观赏眼前的美景，格瓦希奥下令收帆，

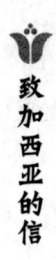

船开始减速,我不解其意。他们回答:"我们已经越来越靠近战区,我们要充分利用在海上的优势,避开敌人,保存实力。再往前走,被敌人发现,无疑是白白送命。"

我们急忙检查武器。我的身上只有一把史密斯威森左轮手枪,于是他们发给我一支来福枪。船上的人,包括我的助手都有这种枪。水手们护卫着桅杆,他们可以随手拿起身边的武器。到目前为止,我们的行程一直有惊无险。而现在,这次任务中最为严峻的时刻到了,如果他们把我逮捕了,那就意味着死亡,给加西亚送信的使命也将功亏一篑。

虽然海岸看上去好像近在咫尺,但其实我们离岸边大约有二十五里。

午夜时分,船帆松动,船员开始奋力划船。正好赶上一个巨浪袭来,没有费多大力气,巨浪便把小船卷入一个隐蔽的小海。在离岸有五十码的地方,我们摸黑把船停了下来。我建议大家立即上岸,但格瓦希奥想得更加周到:"如果驱逐舰想打探我们的消息,他们一定会登上我们经过的珊瑚礁,那时候我们上岸也不晚。先生,我们腹背受敌,最好原地不动。等我们穿过昏暗的葡萄架,就可以光明正大地出入了。"

笼罩在天边的热浪逐渐散尽,大片葡萄、红树、灌木丛和刺莓,差不多都长到了岸边,这些景物呈现在我们的视线中。虽然看得不是十分清楚,但给人一种朦胧的美。太阳照在古巴的最高峰,顷刻间,万象更新,朦胧的雾消失了,笼罩在灌木丛的黑影消失了,拍打岸边灰暗的海水魔术般地变蓝了。光明终于战胜了黑暗。

看到我默默地站在那里,似乎很疲倦,格瓦希奥关切低声地对我说:"你好,先生。"

其实那时我正在想着诗句:"黑暗的蜡烛已经熄灭,愉快的白天从雾霭茫茫的山顶上,踮着脚站了起来。"这是一位曾经看过类似景物的诗人写下的。

船员们正忙着往岸上搬东西。

在这样一个美妙的早晨,我伫立在岸边,不禁心潮澎湃,一种庄严的使命感油然而生。仿佛有一艘巨大的战舰正在我的面前,上面刻着我最崇拜的人——美洲的发现者哥伦布的名字。

货很快卸完了,我的美梦也结束了。他们把我带到岸上,小船被拖到一个狭小的河口,扣过来藏到丛林里,就是之前我们上岸的地方。一群衣衫褴褛的古巴人聚集在一起。

他们从哪里来,如何知道我们是自己人的,对我来说一直是一个谜。他们伪装成了搬运工人,但在他们身上能看到当兵的痕迹,一些人身上有着毛瑟枪子弹射中的疤痕。

我们登陆的地方好像是几条路的交汇点,从那里可通向海岸,也可以进入灌木丛。我们继续向西走了约一里,可以看到远处小烟柱和袅袅的炊烟从植被中飘出来。我知道这些烟是从哪里冒出来的,这应该是来自古巴难民熬盐用的大锅,这些人从可怕的集中营里逃出来,躲进了山里。

我的第二段行程就这样结束了。

如果说前面有惊无险的话,现在真正的危险来临了。西班牙军队正在进行残忍的大屠杀。这些刽子手毫无人性,非常凶残,见人就杀,携带武器的军人,手无寸铁的难民,他们一个都不放过。送信给加西亚的余下的路程将更加艰难。但是我已经没有时间考虑这些,我必须立即上路!必须完成任务!

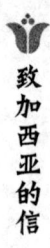

这里的地形比较简单，通往北部的地方有一条绵延约一里的平坦土地，被丛林覆盖着。男人们忙着开路，炎炎烈日炙烤着我们。古巴的路就像迷宫。我真羡慕一起同行的伙伴，他们身上没有多余的衣裳。我们继续前行。我们的视线被海和山遮住了，曲折蜿蜒的小路、深绿浓密的叶子、灼热的阳光，使我们每前进一步都要付出巨大代价。青翠的灌木丛在这里到处都是，但离开岸边到达山脚下，就看不到这样的景色了。我们很快就到了一个空旷的地方，竟然意外地发现几棵椰子树。对口渴得要命的我们来说，椰子汁真是新鲜又清爽，就像灵丹妙药。

此地不能停留太久，我们还要趁着夜幕降临以前多走几里路。翻过几个险峻的山坡，进入另一个隐蔽的空地，很快我们就进入了真正的热带雨林。这里的路比较平坦，微风轻拂，尽管轻微到无法察觉，却也给人以心旷神怡的感觉。穿过森林就进入波迪罗通向圣地亚哥的"皇家公路"。当我们靠近公路时，我发现只剩下我和格瓦希奥两人，同伴们一个个都不见了，他们在丛林里消失了。我正想转过身去询问他，却看到他将手指放到嘴边示意我不要出声，赶快拿起枪，然后他也消失在丛林里。

我很快明白了格瓦希奥的用意。马蹄声响起，是西班牙骑兵的军刀声，以及军官偶尔发出的命令声。如果没有高度的警惕性，也许早已走上公路，恰好与敌人迎面相撞。

我将手指放在来福枪的扳机上，等待听到枪声，焦急地等待事情发生，但没有听到任何声音。我们的人一个个都回来了，格瓦希奥是最后一个。

"我们之所以分散开就是想要麻痹敌人，不让他们发现。我们都各自分头行动，假如枪声响起，敌人一定会认为这是我们故意设下的埋伏。"格瓦西奥露出惋惜的神色,"真想戏弄敌人一下,但任务第一,游戏第二!"

在古巴起义军经常出没的地方,人们有着这样一个习惯,他们升火用灰烤红薯,经过这里的人饿了就可以拿起来吃。一个个烤熟的红薯传给饥饿的战士,然后把火埋掉,继续前进。

我在吃红薯时,想起了古巴的英雄们。在艰苦的条件下他们能够取得一次又一次的胜利,就是因为他们热爱自己的祖国。有一种发自内心的坚定信念支撑着他们,与敌人展开漫长而艰难的斗争,那就是争取民族解放。曾经,我们的先辈和他们一样,为了民族的尊严而顽强奋战。作为我们国家的士兵,想到自己所肩负的使命能够帮助这些爱国的志士,我觉得无上光荣。

一天的行程结束了,我注意到一些穿着十分奇怪的人。

"他们是谁?"我问道。

"逃兵,都是西班牙军队的。"格瓦西奥回答,"他们再不能忍受军官的虐待和饥饿,从曼查尼罗逃出来。"

在这旷野中,我对他们心存怀疑。虽然逃兵有时也有用,但谁能保证他们当中没有奸细,谁保证他们不会向西班牙军队报告一个美国人正越过古巴向加西亚将军的营地进发?敌人不是一直都在不停地想方设法阻止我完成任务吗?所以我对格瓦希奥说:"仔细审问这些人,并看管好他们。"我为了确保任务万无一失,下达了这个命令。

"是,先生。"他回答。

事实证明我的这一想法是对的,有人的确想逃走去向西班牙人报告。这些人其实并不知道我的使命,但其中有两个人是间谍,我险些被他们杀害了。

那天晚上这两个人离开营地钻进灌木丛，想去给西班牙人报告有一个美国军官在古巴人的护送下来到这里。

半夜，一声枪响突然把我惊醒。在我的吊床前突然出现一个人影，我急忙站起来。这时对面又出现一个人影，很快第二个人把第一个人用大刀砍倒，从右肩一直砍到肺部。这个人临死前供认，他们已经商量好，如果同伴没有逃出营地，他就杀死我，阻止我完成任务。哨兵开枪打死了这些人。

第二天很长时间我们都无法行进，当时我十分焦急，但无济于事。

晚些时候，我们才得到足够的马和马鞍。马鞍有些硬，不好用。我有些不耐烦地问格瓦希奥，能不能不用马鞍就走。"加西亚将军正在围攻古巴中部的巴亚莫，"他回答道，"我们还要走很远才能到达他那里。"

这也就是为什么我们到处找马鞍和马饰的原因。一位同伴看了一下分给我的马，很快给它装上了马鞍，我非常敬佩这位向导的智慧。我要赞美这匹瘦马，它瘦却健壮有生气，美国平原上任何一匹骏马都难以和它媲美。我们骑马一直走了四天，假如没有马鞍，我一定会被折磨得很惨。

我们离开了营地，沿着山路继续向前走。在这里如果人不熟悉道路，定然会陷入绝望的境地，因为山路很狭窄，并且非常曲折。但我们的向导似乎对这迂回曲折的山路了如指掌，他们如履平地般行进着。

我们离开了一个分水岭。开始从东坡往下走，突然碰到一群小孩和一位白发披肩的老人，队伍停了下来。

这位老人是族长，他和格瓦希奥交谈了几句，森林里出现了欢呼声，是在祝福美国，祝福古巴，祝福"美国特使"的到来。这真是令人感动的一幕。

我不清楚他们是怎么知道我的到来的。但消息在丛林中传得很快，这位老人和这些小孩因为我的到来而十分高兴。

在古巴的历史上，亚拉是一个伟大的名字。这里是古巴1868年至1878年"十年独立战争"的发祥地，古巴士兵整天在守着这些战壕。这里建有许多战壕，用来保护峡谷。在这里，有一条河沿山脚流经的地方，我意识到我们又置身于一个危险地带。

格瓦希奥坚定不移地相信我一定能完成使命。

第二天早晨，我们开始攀登西拉梅斯特拉山的北坡。这里是河的东岸。我们沿着风化的山脊往前走，这里很可能有埋伏，西班牙人的移动部队很可能把这里变成我们的葬身之地。

顺着河岸，我们沿着蜿蜒曲折的山路前行。我们为了逼这些可怜的马走下山谷，残酷地鞭打它们，在我的一生中，从未见过如此野蛮地对待动物。但我们也没有办法，信必须送给加西亚。战争期间，有成千上万人的自由处于危险中时，马遭点罪又有什么呢？我真想对这些马说声"对不起"，但我没有时间多愁善感。

这是我所经历的最为艰难的旅程，现在总算告一段落了。我们停在一间小草房前，这里位于基巴罗的森林边缘，一片玉米地将这里包围。我到来的消息传遍了这里的每个角落。椽子上挂着刚砍下的牛肉，为庆贺美国特使的到来，厨师们正忙着准备一顿大餐，大餐有鲜牛肉、木薯面包。

刚吃完丰盛的大餐，忽然听到一阵骚乱，原来是雷奥将军派卡斯特罗上校代表他来欢迎我，森林边上传来说话声和阵阵

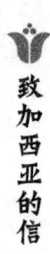

马蹄声。

而将军和一些训练有素的军官将在早上赶到。

上校下马的姿势十分优美，动作就像赛马运动员般敏捷。他的到来使我确信，我又遇到了一个经验丰富的好向导。卡斯特罗上校赠送我一顶标有"古巴生产"的巴拿马帽。

第二天早上瑞奥将军到了。他皮肤黝黑，是印第安人和西班牙人的混血儿。他步履矫健，身姿挺拔。他足智多谋，多次成功地击退西班牙人的进攻。人们称他为"海岸将军"，他擅长游击作战，与敌周旋，找出敌人弱点给敌人以沉重的打击。敌人多次想抓捕他，但都无功而返。

这一次，瑞奥将军派两百人的骑兵部队护送我。这些骑兵骑术相当高超，训练有素。

我们很快又重新进入了森林。森林里的小路太窄，我们前行的路常被树干阻碍，我们的脖子经常被丛林里的常青藤刮破，以至于不得不一边骑马一边动手清理障碍物。向导步伐稳健，让我感到非常惊奇。通常我的位置是在队伍的中部。有时真想追上他，观察他跋山涉水的英姿。他名叫迪奥尼斯托·罗伯兹，是古巴军队的一名中尉。他是一名黑人，皮肤像煤一样黑亮，他善于骑马踏过荆棘，穿过茂密的森林。他仿佛永远不知疲倦，手拿宽刃大刀，砍下一片片藤蔓，为我们开辟道路。

4月30日晚上，我们来到巴亚莫河畔的瑞奥布依，离巴亚莫城还有二十里。这时格瓦希奥又出现了，他脸上带着满意的微笑。

"先生，有一个好消息，西班牙军队已撤退到考托河一侧，他们的最后堡垒在考托。加西亚将军就在巴亚莫。"

因为急于与加西亚将军取得联系，我建议夜行，但是这个建议他们并没有采纳。

1898年5月1日是一个非同寻常的日子。当我在古巴森林睡觉的时候，美国海军上将正冒着枪林弹雨进入马尼拉湾，向西班牙战舰发起进攻。就在我给加西亚送信的途中，西班牙的战舰被大炮击沉了，形成对菲律宾首都巨大的威胁。

第二天凌晨我们继续征途，从山坡上往下骑直达巴亚莫平原。我看到沿途饱经战火的乡村满目疮痍。这些被战火毁坏的废墟就是西班牙军队罪恶的铁证。我们骑马走了一百里。终于来到一片平原。我们经历了无数艰难险阻，跨过无数丛林荆棘，顶着灼热的烈日，终于来到了这片美丽的土地。

即使它饱受战火煎熬，但依然是一片充满希望的热土。只要一想到我们即将到达目的地，所有的苦难都能抛在九霄云外。任务即将完成，就连精疲力竭的马也仿佛感受到了我们急迫的心情。

我们来到曼查尼罗至巴亚莫的"皇家公路"，遇到了许多衣衫褴褛却兴高采烈的人们，他们正在朝城里冲去。人们唧唧喳喳的交谈声使我联想到自己在丛林中遇到的那些鸟儿，他们终于可以返回到自己阔别已久的家园了。

在巴亚莫河两岸，有很多西班牙人建的碉堡，首先映入眼帘的就是这些小要塞，甚至里面的烟火还没有熄灭。当古巴人返回这曾经繁荣的城市时，他们便将这些碉堡付之一炬。

巴亚莫原本是一个拥有三万人口的城市，但现在却因为战争成了一个只有两千人的小村庄。

我们在河岸列队，在格瓦希奥和罗伯兹与士兵说完话后，我们就继续行进。我们停在河边，让马饮水，准备养精蓄锐，走完最后一段通往古巴指挥官加西亚将军营地的路程。

在这里引用当天报纸发布的消息："罗文中尉骑着马，在古巴向导的陪同下来到古巴。古巴将军说罗文中尉的到来在古巴军队中引起巨大轰动。"

几分钟以后我来到了加西亚将军的驻地。

苦难、失败和死亡终于离我们远去。漫长的惊险旅程终于结束了。

我获得了成功！

我看到古巴的旗帜在飘扬，我站在加西亚将军指挥部门前。我感到十分兴奋和激动，因为我将代表我国政府在这样的地方见到加西亚将军。我们排成一队，纷纷下马。将军认识格瓦希奥，所以卫兵让格瓦希奥进去了。等了一会儿，他和加西亚将军一起走出来。将军邀请我和助手进去，并热情地欢迎我。将军解释说："很抱歉我出来晚了，因为我在看从牙买加古巴军人联络处送来的信，这是格瓦希奥给我送来的。"将军将我一一介绍给他的部下，这些军官全都穿着白色军装，腰间佩着武器。

幽默无所不在。联络处送来的信上称我为"密使"，可翻译却把我翻译成"自信的人"。

早饭过后，我们开始谈论正事。我向加西亚将军解释说，尽管离开美国时总统带来了书信，但是我所执行的纯属军事任务。

总统和作战部想了解有关古巴东部形势的最新情报（曾派来两名军官来到古巴中部和西部，但他们都没到达目的地）。美国有必要掌握西班牙军队占领区的情况：西班牙兵力的人数和分布、西班牙军队的士气状况、他们的指挥官特别是高级指挥官的性格、路况信息、整个国家和每个地区的地形以及任何与美国作战部署有关的信息。

加西亚将军建议展开一次美军与古巴军队联合作战的战役。这是最重要的一点。我还告诉将军我国政府希望能获取关于古巴军队兵力方面的信息,还有我是否有必要留下来亲自了解所有这些信息。

加西亚将军沉思了一会儿,除了他的儿子加西亚上校和我,他让所有的军官都退下了。

大约下午三点,将军回来告诉我,他决定派三名军官陪我回美国。这三名军官都是古巴人,经验非常丰富,训练有素、知识渊博,了解自己的国家。即便我留在古巴几个月,也不一定能做出一个完整的情况报告,而他们完全有能力回答以上所有的问题。而现在的时间紧迫,美国越早获得情报对双方越有利。

他进一步解释说,他希望能让他的队伍武装得更好。他的部队需要优良的武器,特别是大炮,主要用来摧毁碉堡。部队现在还缺少弹药及步枪。

一位著名的指挥官克拉佐将军、赫南德兹上校、约塔医生,非常熟悉这里的疾病特征,另外还有两名水手将随同我返回。假若美国决定为古巴提供军事装备,他们在运送物资的征途中一定能发挥作用。

"你还有什么问题吗?"

在这长途跋涉的九天里,我的脑海一直装着许多问题。我希望能够走遍古巴的土地,给总统带回一个满意的答案。但面对将军的问话,我毅然地回答:"没有!先生。"

加西亚将军有着敏锐的洞察力。他的建议使我免除了几个月

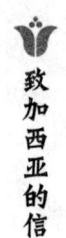

的劳累，为我们的国家争取了时间，也为古巴人民赢得了时间。

在接下来的两个小时里，我受到了非正式的热情接待。正式的宴会五点钟进行，结束后，护送者将我送到大门口。

走到大街上，我很惊奇没有看到原来的向导和原来的同伴。格瓦希奥想陪我回美国，加西亚将军没有同意，因为南部海岸的战争还需要他，而我则从北部返回。我向将军表达了心中的感激之情，我非常感谢格瓦希奥和他的船员。我以纯拉丁式的拥抱与将军告别，然后骑上马，与三个护卫者一起向北疾驰。

我终于把信交给了加西亚将军！

给加西亚将军送信的途中充满了危险，与我返回的行程相比也更为重要。我见识了这美丽的国度，一路上得到了很多人的帮助，他们给我做向导，勇敢地保护着我。但是西班牙的士兵仍然在四处巡逻，他们不放过每一个海港、每一个海湾和每一条船。

战争还远没有结束，他们随时都可能把我当作一个间谍，一旦被他们发现，我就意味着死亡。面对咆哮的大海，我在想，成功永远不是一次航行。

但是我们必须努力，只有努力才能成功，不然我的使命就会前功尽弃。返程的路上，我的同伴们也一样担惊受怕。我们小心翼翼地越过了古巴，一路朝北，来到西班牙军队控制下的考托。这是一个河口，几艘小炮艇停在这里，其中一个装着大炮的巨大的碉堡，正对着河口。

如果西班牙士兵发现我们，就全完了。但是我们艺高人胆大，我们的救星是勇敢的精神。最危险的地方往往是最安全的。敌人压根不会想到我们会在这种危险的地方上岸，去执行一项艰巨的任务。

我们所搭乘的是体积只有一百零四立方英尺的一只小船。我们用这只船行进了一百五十里，来到了北部的拿骚岛，西班牙的快速驱逐舰经常在此巡逻。已经完成任务的使命感使我们无所畏惧。

由于船无法承载六个人，威塔医生返回巴亚莫。我们五个人将会冒着枪林弹雨，凭机智取得胜利。

恰巧在我们即将出发的时候，风暴突然降临。大海波涛汹涌，我们不能轻举妄动，但是即便原地不动也同样危险。现在是满月，假如飓风把乌云吹散，敌人就会发现我们的行踪。

但是，我们将命运掌握在自己手中。

十一点钟我们都上了船，天空的乌云层层密布，遮住了月亮，敌人无法发现我们。我们四人一起划桨，一人掌舵。渐渐地远去的要塞已看不见，或者更精确地说，要塞里的人没有发现我们。我们的小船摇摇摆摆像个蛋壳，有好几次差点翻船。但我的同伴这些水手了解水性，装在船里的压船物经受住了考验，我们得以继续航行。我们在水中历尽辛苦，总算没有听到大炮的轰鸣声和机枪的扫射声。

远离要塞后，极度的疲倦，无法摆脱航行的单调，使我们几乎要睡着了。没想到，海上的一个巨浪袭来，差点把小船掀翻，小船浸满了水，大家不再有睡意。漫漫长夜多么难熬啊！正在这时，太阳从远方的地平线上升出来。

"快看，先生！"舵手们在喊。一种警觉性使我们顿时焦虑不安。难道是一艘西班牙战舰？果真如此，我们又在劫难逃了。

舵手用西班牙语喊着，其他同伴应和着。

真是西班牙战舰吗？

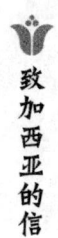

不是，是桑普森海军上将的战舰，正向东航行去抗击西班牙战舰。我们全都长长地松了一口气。那一天谁也睡不着，天气真是酷热难耐。尽管是美国战舰出现了，但假若西班牙的炮艇出动，仍然很快就能追上我们，将我们逮捕。夜里突然刮起了风，风力很强劲，波涛汹涌。我们竭尽全力，使小船不至于颠覆。夜幕降临，我们五个人疲惫极了，几乎支撑不住了，但是我们丝毫不能懈怠，坚持打起精神。

5月7日，也就是第二天早晨，危险总算解除了。大约在上午十点，我们到达巴哈马群岛安得罗斯岛的南端一个名叫克里基茨的地方。我们总算可以登陆，暂时休息一下了。

当天下午，在十三个黑人船员的帮助下，我们彻底地清理和检查了小船。这些黑人说的古怪的语言我们根本听不懂，但是手势语在世界是通用的。小船里装着些猪肉罐头和手风琴。我虽然已经疲惫到了极点，但依然睡不着，因为刺耳的手风琴声使我无法入眠。

第二天下午，当我们继续向西航行时，被检疫官抓住，关到豪格岛上。他们怀疑我们得了古巴黄热病。

第二天，我得到美国领事麦克莱思先生的口信。5月10日，在他的安排下，我们获释了。5月1日，这支"无畏号"小船驶离码头。

可是，航行到佛罗里达海域可就没那么幸运了。12日，一整天大海无风，小船无法继续前进。直到夜晚微风吹动，才顺利到达基维斯特。

当晚我们乘火车到塔姆帕，又在那里换乘火车前往华盛顿。

根据预定的时间我们准时到达。我向作战秘书罗塞尔·阿尔杰作了汇报。他认真听了我的报告,并让我直接向迈尔斯将军汇报。迈尔斯将军收到我的报告后,给作战部写了一封信。信中说:"罗文中尉已完成了古巴之行,在古巴起义军和加西亚将军的协助下,为我国政府送来了最宝贵的情报。我推荐美国第十九步兵部队的一等中尉安德鲁·罗文为骑兵团上校副官。这是一项艰巨的任务,我认为罗文中尉在完成任务时表现出了英勇无畏的精神和沉着机智的作风,他的精神将永载史册。"

我陪同迈尔斯将军参加了一次内阁会议。会议结束时我收到了麦金莱总统的贺信,他感谢我把他的想法传达给加西亚将军,并且总统高度评价了我的表现。他信的最后一句话是:"你勇敢并且成功地完成了任务!"而我则认为,我只不过是完成了一个军人应该完成的任务。

只要服从命令,不要考虑为什么。我已经把信送给了加西亚将军。

自动自发

序言：你属于哪类人

我们经常听到如下话语：

"现在是午餐时间，你三点以后再打来吧。"

"这不是我的事。"

"我很忙。"

"那是汉曼的工作。"

"我不知道怎么帮你。"

"你去图书馆试过吗？"

"这件事我们现在办不了。"

"你能再补充一些吗？"

……

有一次，我去百货商店买东西。店员没直接引导我到我想去的柜台，却把我带到了别的地方。你知道吗，在我找到那件东西之前，我被带着接连去了商店的四个柜台？（如果有人能在某处贴出一张杜鲁门总统的座右铭"责任到此，不能再推！"那该多么令人振奋啊！）

当然，在这些经常听到的话语和令人困惑的事情之外，我们也看到了另外一些与之相反的事例。

司娜是一家大公司办事处的打字员。一天，同事们出去吃饭了，这时，公司的一名董事达司先生经过他们部门时停了下来，想找一些信件。尽管这并不是司娜的工作范围，但是她依然回答道："虽然我不知道信在哪里，但是，达司先生，让我来帮助您处理这件事情吧！我会尽快找到这封信并将它放在您的办公室里。"当她迅速将董事所需要的东西放在他面前时，董事显得格外高兴。

故事到这里才刚刚开始。四个星期后司娜获得了提升，去了一个更重要的部门工作，薪水一下子提高了30%。能猜到是谁推荐她的吗？就是那位达司董事。在一次公司管理会上，有一个更高职位的工作刚好缺人，于是他推荐了她。

世界上很少有便宜可捡，报酬丰厚却不需要承担任何责任的工作难得一见。想要一时不负责任当然不是没有可能，但若想不承担世间任何一点责任，就要付出失去成功的机会的巨大的代价。当责任从前面进来，你却从后门溜走，这时你可能失去了伴随责任而来的机会！对大部分的工作而言，报酬和所承担的责任是直接挂钩的。

成功者必备的素质是主动要求承担更多的责任或自动承担责任。大多数情况下，即使你并不需要对某事负责，你也应该努力做好它。如果你表现出了能够胜任某项工作的能力及良好精神，那么责任和报酬就会同时到来。

在日常用语中，最为人所滥用而意象不明的三个字是："我没空！"但是有谁曾想到过，正是这几个字可能会使你付出惨重的代价。没有空，你就因此放弃你和家人相处的快乐？就可以忽略那些日益严重的问题？就可以忽略自己对休息和运动的需要？——无论在什么情况下，都别让"没有空"的想法使你放弃有助于你获得幸福的事。

有两种人永远无法成为优胜者：一种人只做别人交给自己的

工作，另一种人总是做不好别人交代的事。哪一种情况更让人沮丧，实在很难说。总之，他们会成为首先被开除的人，或是将终生的精力消耗在一个单调乏味的岗位上。

用那两种方式里的任何一种方式做事，你或许都可以偷得一时的轻松，却永不会成功。在前工业时代，虽然听从命令的能力相当重要，但是个人的进取心更受赞赏。在决定哪些事该做之后，就应该立刻采取行动，不必等到别人交代了再去做。了解公司的发展规划，明确自己的工作职责，就能知道自己该做些什么，在这以后不要耽搁，应当马上着手去做！

世界赋予有主动性的人以巨大的褒奖，除了金钱，还有荣誉。什么是主动性呢？主动性就是没人告诉你该做什么，你却在做着恰当的事情。

当你被告知过一次后，再做同类事情就不需要再被告知了，也就是说：把信带给加西亚。那些送信的人得到了很高的荣誉，但他们的收入却并不与之成正比。

还有一些人，他们直到被告知过两次后，才去做事情。这种人荣誉和金钱两者都得不到。比这些人主动一点的人是这样做事的——当有人告诉他事情怎么做时，他立刻去做。

还有一类人，只有当他们穷得一点办法没有时，才会去做事。这类人只会遭到漠视，收入自然十分微薄。这些人把一生中大部分的时间都用在盼望幸运之神会降临到自己身上这种不切实际的想法上。主动性更差一点的人，只有在被人从后面踢时，才会去做他应该做的事。这种人大半辈子都在辛苦工作，还不停地抱怨运气不佳。

然而，还有比上述几类人更缺乏主动性的。即使别人走到他们面前向他们示范,并且停下来催促他们去做,这类人仍然不会用心地做事。他们总是失业,并且被别人藐视。在这种情况下,命运之神会耐心地在拥挤的人群里等待着他们。

你属于上面哪一类人呢?

第一章

对待工作：勤奋

挖掘自己的潜能，发挥自己的才干，正直勤奋地去做事。

不为薪水而工作

　　许多年轻人在走出校园时,总对自己抱有很高的期望,觉得自己一开始工作就应该受到重用,就应该得到丰厚的报酬。他们喜欢在薪水上相互攀比,好像薪水成了他们衡量一切的标准。但事实上,刚刚进入社会的年轻人由于缺乏工作经验,是很难被委以重任的,薪水自然不可能很高,于是他们就开始不停地抱怨。

　　因为曾经亲眼目睹或者耳闻父辈和他人被老板无情解雇的事实,现在的年轻人往往将目前的社会看得比上一代人那时更冷酷、更严峻。简而言之,他们比上一代更现实。对他们而言,为公司干活,公司付相应的报酬,这只不过是一种交换。他们看不到薪酬以外的东西,这样,过去那些在校园中编织的美丽梦想逐渐破灭了。没有了信心,没有了热情,工作时总是采取一种消极应付的态度,能少做就少做,能躲避就躲避,敷衍了事,以这种方式报复他们的老板。他们只想挣一份工资,却从未想过自己的前途和家人朋友的期待。

　　正是由于人们对于薪水缺乏更深入的认识和理解,所以才会出现这种情况。大多数人因为自己目前所得的薪水太微薄,而放弃了比薪水更重要的东西,这实在是很可惜的事。

　　不要单纯为了薪水而工作,因为那只是工作的一种报偿方式,虽然是最直接的一种,但也是最没有发展前途的一种。一个人如果只为薪水而工作,没有更高的目标,这种态度,并不是一种好的人生选择，受害最深的不是别人，而是他自己。

一个将薪水作为个人奋斗目标的人是无法走出平庸的生活模式的，也从来不会获得真正的成就感。虽然薪水应该是工作目的之一，但是从工作中能真正获得的东西却并不仅仅是装在信封中的钱。

心理学家们发现，在达到某种程度之后，金钱数字再大也不再诱人了。在你还没有达到那种境界之前，如果你忠于自我的话，就会发现金钱只不过是许多报酬方式之一种。如果你请教那些事业有成的人士，他们在没有优厚的金钱回报下，是否还会继续努力工作？大部分人的回答都是这样："一定是！我不会有丝毫改变，因为我热爱自己的工作。"

想要进入成功之门，最明智的方法就是选择一种即使酬劳不多，也愿意努力做下去的工作。当你对自己所从事的工作充满热爱之情时，金钱报酬就会随之而来。你将成为人们竞相聘请的对象，同时也会获得丰厚的酬劳。

不要仅仅只为薪水工作。工作固然是为了生计，但是比生计更可贵的，是在工作中充分发掘自己的潜能，提升自己的专业技能，做有价值的事情。如果工作仅仅是为了面包，那么生命的价值就被低俗化了。

人生应该有更高的需求，而不应仅仅只是生存的需求。人生在更高层次的动力驱使下前进。不要麻木地告诉自己，工作就是为赚钱——人应该有比薪水更高的目标。

生活的质量由工作的质量决定。无论薪水高低，只要在工作中尽心尽力、积极进取，就一定能使自己的内心得到平静。这是事业成功者与失败者的不同之处。工作过分轻松随意的人，无论

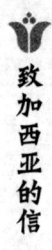

从事什么工作，都不可能获得真正的成功。将工作仅仅当做赚钱谋生的工具，这种想法本身就很不正确。

　　事业成功的人们，用他们的经验告诉我们这样一个真理：只有经历过艰难困苦，才能获得世界上最大的幸福，才能取得最大的成就；只有经历过奋斗，才能取得成功。

从工作中收获更多

为薪水而工作，看起来目的很明确，但是这样很容易被短期利益蒙蔽了心智，从而看不清未来发展的方向，即便日后奋起直追，努力振作，也无法改变这种尴尬状态。

那些因为薪水低而感到不满，工作敷衍了事的人，对老板固然是一种损害，但是长此以往，无异于使自己的生命枯竭，将自己的希望断送。他们埋没了自己的才能，葬送了自己的创造力。

因此，你要明白，老板支付给你的工作报酬是金钱，但你在工作中给予自己的报酬乃是珍贵的经验、良好的训练、才能的展现、品格的形成。这些东西与金钱相比，其价值要高得多。

一般情况下，工作所给你的，其实要比你为它付出的多得多。假如你把工作视为一种积极的学习经验，那么，每一项工作中其实都包含着许多促使个人成长的机会。

年轻人，我诚恳地告诫你，当你刚刚踏入社会时，不必过分考虑薪水，而应该注意工作本身带给你的回报。譬如发展自己的技能特长，增加自己的社会经验，提升个人的人格魅力……如果你能认识到这一点，微薄的薪水与你在工作中获得的技能和经验相比，就会显得不那么重要了。老板支付给你的是金钱，你给予自己的却是足以令你终身受益的能力。

能力比金钱重要一万倍，因为它既不会遗失也不会被别人偷去。如果你试着去研究那些成功人士，就会发现他们并非一直高居事业的巅峰，在他们的一生中，他们也一次次地攀上顶峰，又一次次地坠落谷底。虽然过程起伏跌宕，但是有一种东西永远伴随着他们，那就是能力。他们的能力帮助他们重返巅峰，傲视人生。

　　人人都羡慕那些成功人士所具有的创造力、决策力以及敏锐的洞察力，但是他们也并非一开始就拥有这些能力，而是在长期工作中积累和学习到的。在工作中，他们学会了了解自我，发现自我，将自己的潜能充分地发挥出来。不为薪水而工作，这样的工作态度所给予你的，要比你为它付出的更多。如果你一直努力工作，一直在进步，勤劳、踏实的精神也会潜移默化地塑造你的品格，这会让你在公司乃至整个行业拥有一个好名声，良好的声誉将伴随你一生。

　　上班时，总会有许多人喜欢耍聪明，他们上班要么迟到、早退，要么在办公室与人闲聊，要么借出差之名游山玩水……这些人也许并没有因此被开除或扣减工资，但他们会因此落下一个不好的名声，很难有晋升的机会。如果他们想跳槽，也不会有其他人对他们感兴趣。

　　一个人如果总是只把注意力放在工作酬劳上，薪水背后可能获得的成长机会他又怎么能看得见呢？他又怎么能意识到从工作中获得的技能和经验，对自己的未来将会产生多么大的影响呢？这样的人无形中将自己困在了装着薪水的信封里，他们永远也不会明白自己真正需要什么。

有付出，有收获

有所付出，一定有所收获，这是因果法则。

判断一个人的品行，只要看其工作态度就足够了。如果工作时能全力以赴，不敷衍了事，不偷懒混日，即使现在的薪水微薄，将来也一定能有所成就。

首先，我们要相信，大多数的老板都是明智的，他们都希望能吸引更多富有才干的员工。他们会根据每个员工的努力程度和业绩，给予员工晋升、加薪的机会。那些工作中能尽职尽责、坚持不懈的人，终有一天能获得晋升，薪水自然会随之提高。

然而，聪明而睿智的老板们通常在鼓励员工时并不会说："你只要努力干，我会给你加薪的。"而是说："好好干，把你的本领都展现出来，有更多的重担在等着你呢！"——薪水的提高自然会与重担一起到来的。

永远不要担心自己的付出会被忽视。当你一心一意专心工作时，你的老板会注意到的。在你琢磨着该如何多赚一些钱时，不如试着想想如何把工作做得更好。如果你这样做了，那你就根本不需要为钱而担忧了。别费尽心机试图说服老板，让你的老板答应给你加薪。好好地奉献自己的时间和精力，在自己的工作中竭尽全力，你的薪资报酬自然会有所提高。

卡罗·道恩司原来是一名普通的银行职员，后来受聘于一家汽车公司。工作了半年之后，他想试试是否有机会提升，于是自

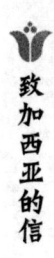

己写信给老板杜朗特，打算毛遂自荐。老板给他的答复是："你来负责监督新厂机器设备的安装工作，但不加薪。"

道恩司以前没有受过任何工程方面的训练，甚至根本看不懂图纸。但是，他不愿意放弃这个好不容易得到的机会。于是，他发挥自己的才能，花钱找到一些专业技术人员来完成安装工作，把时间提前了一个星期。这样做的结果是，他不仅获得了提升，薪水也增加了十倍。

"我知道你看不懂图纸，"老板后来对他说，"如果你随便找一个借口推掉这项工作，我可能会让你走人。"道恩司后来成为了千万富翁，他退休后担任顾问，年薪虽然只有象征性的一美元，但是他仍然不遗余力，乐此不疲。"不为薪水而工作"，这已经成为他工作的一种信条。

那些职位低下、薪水微薄的人，有时候会忽然间被提升到一个很重要的位置上，这表面看起来似乎让人莫名其妙。他们也常常因此遭受人们的质疑。但实际上，在还拿着微薄的薪水时，他们也未放弃努力，始终保持一种尽善尽美的工作态度。他们满怀希望和热情地朝着自己的目标而努力，并因此获得了丰富的经验，这些才是他们晋升的真正原因。

如果你做每一件工作都是那么热忱、积极、不计报酬，那么，你就会把自己与那些花费大部分时间关心休假、福利、薪水和下班时间的人区分开来。就算是你最好的朋友，也别向他抱怨你的职位或薪水，因为你说出的话总会传到老板耳朵里。

放弃是为了获得

当我们发觉自己的老板并不是一个睿智的人，他没有注意到我们为工作所付出的努力，也没有相应地给予我们回报，这时也不要沮丧，我们可以换一个角度来思考：现在的努力并不是为了马上得到回报，而是为了将来。——我们投身于工作是为了自己。

人生并不是只有现在，还有更长远的未来。薪水固然要努力多挣些，但这只是个短时期的问题，最重要的是为未来获得更多的收入奠定基础，为了获得不断晋升的机会。只有发展才能解决生存问题，如果眼光只盯着温饱，你永远只能得到温饱。

在手工业时代，年轻的学徒常常拜师学艺多年，他们学一门手艺，根本无法拿到一分钱的薪水，但他们毫无怨言。现在的年轻人一边学着本事，一边还可以拿薪水，反而常常抱怨不已。

主要原因是：二者对于薪水看法不同。在手工业时代，学徒和他们的家长认为，能有一个好的学习技能和知识的机会，这是十分难得的。他们的一切努力和付出都是为了将来能开办自己的作坊和店铺。然而现代的年轻人更注重眼前利益，他们赚钱的目的不过是为了消费和享受。

时代已经变了。注重眼前利益本身并没有错，问题在于现在的年轻人非常短视，他们只注重金钱，却忽略了个人能力的培养。他们在当前享受和未来价值之间没有找到一个平衡点。

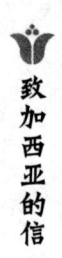

放弃是为了获得。尽管薪水微薄,我们应该看到,老板交付的任务能锻炼我们的能力,上司分配给我们的工作能发挥我们的才干,与同事的合作能培养我们的合作精神,与客户的交流能训练我们的品性。

企业是我们进入的另一所学校,工作能够丰富我们的大脑,增加我们的智慧。

比如俾斯麦,暂且不谈他的其他方面,仅在工作这件事情上,他就有值得年轻人学习的地方。俾斯麦在德国驻俄国外交部工作时,工资也很低,但是他却从来没有因为自己的工资低而抱怨,进而放弃努力。相反,他非常努力,他学到了很多外交技巧,锻炼了自身的决策能力,这对他后来的政治生涯产生了巨大的影响。

许多商界名人开始工作时,收入并不高,但是他们并没有将眼光局限在薪酬上,而是持之以恒地努力工作。在他们看来,新人缺少的并不是金钱,而是能力、经验和机会。当他们最后功成名就之时,该如何衡量他们的收入是多少呢?

在工作时,你要时刻告诫自己:无论你的薪水收入是多少,都要清楚地认识到,你在为自己的现在和将来而努力。那只是你从工作中获得的一小部分,并不是主要的。不要太多考虑你的薪水,而应该用更多的时间去接受新的知识,培养自己的能力,展现自己的才华,这些东西才是真正的无价之宝。

在你未来的资产中,它们的价值远远超过了你现在工作中得到的薪酬。当你从一个新手、一个不熟练的员工成长为一个技能熟练的、高效的管理者时,你就获得了许多你想象不到的财富。当你去其他公司或者是你自己独立创业时,你可以充分发挥这些才能，获得更高的报酬。

你的老板能够控制你的工资，可他却无法蒙住你的眼睛，捂上你的耳朵，……即他无法阻挡你为自己将来而努力，更不……

许多员……和无知辩解：有的说老板对……说老板太小气，付出再多也……始工作就能发挥全部潜能，就……，也很少有人一开始就能拿……己的努力时，一定要学会而……这样你才能得到重用，才能……

如果在工作中受到挫折——……的工资太低，你发现一个并不如你的人成为你的上司，即使那样也不要气馁，因为谁都不能抢走你拥有的无形资产——你的才能、经验、决心和信心，而这一切最终都会给你回报。

"既然老板给的少，我就干的少，没必要那么努力地去完成每一个任务。"这种话千万不要对自己说。也不要因为自己挣的钱少，就自我安慰说："算了，能拿到这些工资也知足了，谁让我技不如人。"这些负面的思想会让你看不见自己的潜力，会使你失去前进的动力和信心，还会让你放弃很多宝贵的机会，使你与成功失之交臂。

我们并不能命令老板做什么，但是却可以按照自己的最佳方式行事；老板如果没有风度，我们仍然可以要求自己做事要有原则。不要因为老板的缺点而不努力工作，埋没了自己的才华，毁了自己的前途。

总之，你千万不能放弃自己，放弃努力，不论你的老板有多吝啬多苛刻，那都不是你不认真对待工作的理由。

比较两个年轻人，他们具有相同的背景：一个热情、主动、积极，对自己的工作总是努力追求完美，总是为公司的利益着想；而另一个总是投机取巧，总抱怨自己的薪水太低，总把自己的利益放在第一位。假如你是老板，你会雇用谁，你会给谁更多的发展和晋升的机会呢？这是显而易见的事。

在这个世界上，大多数人都在为薪水而工作，假如你能不仅仅只为薪水而工作，你就超越了大多数人，你也就迈出了成功的第一步。

别看不起自己的工作

无论你贵为君主，还是身为平民，无论你是男，还是女，都不要看不起自己的工作。认为自己的劳动是卑贱的这种看法，是一个巨大的错误。

一位罗马演说家说："手工劳动是卑贱的职业。"不久以后，罗马的辉煌历史就成了过眼云烟。伟大如亚里士多德，也曾说过一句让古希腊人感到羞耻的话："要想管理好一座城市，那就不该让工匠成为自由人。他们天生就是奴隶，是不可能拥有美德的。"

今天，仍然有许多人认为自己所从事的工作是低人一等的。他们无法认识到自己工作的价值，只是迫于生活的压力而劳动。他们轻视自己所从事的工作，自然无法全身心地投入其中。他们将大部分心思用在如何摆脱现在的工作环境上，在工作中敷衍塞责，得过且过。这样的人在任何地方都不会有所成就。

所有正当合法的工作都是值得尊敬的。只要你诚实劳动，努力创造，没有人能够贬低你的价值，关键在于你怎样看待自己的工作。那些只知道追求高薪，却不知道承担责任的人，无论对自己，还是对老板，都是没有价值的。

也许某些行业中的某些工作看起来并不高雅，工作环境也很差，无法得到社会的承认，但是，请看清楚这样一个事实：有用才是伟大的真正尺度。在许多年轻人看来，只有公务员、银行

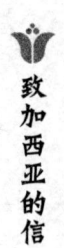

职员或者大公司白领才称得上是绅士,许多人愿意等待漫长的时间,只是为了去谋求一个公务员的职位。其实,在同样的时间里,他完全可以通过自身的努力在现实的工作中找到自己的位置,实现自己的价值。

工作本没有贵贱之分,只是个人对待工作的态度不同才让一些工作看上去较为卑贱罢了。看一个人是否能做好事情,一定要看他对待工作的态度。一个人的工作态度与他本人的性格、才能有着密切的关系。一个人所做的工作是他人生态度的表现,职业就是他志向的表示、理想的所在。所以,想要了解一个人,就一定要了解那个人的工作态度。

如果一个人把自己的工作当成低贱的事情,非常轻视它,那么他决不会尊敬自己。由于看不起自己的工作,所以倍感工作艰难、苦闷,工作自然也不会做好。

当今社会,有许多人不尊重自己的工作,没有把工作看成创造一番事业的必由之路和发展人格的工具,只是单纯地视其为衣食住行的供给者,认为工作是生活的代价,是无法改变、无法避免的辛劳。——这是多么错误的观念啊!

那些看不起自己工作的人,往往是一些被动适应生活的人。他们不愿意靠拼搏奋斗去改善自己的生存环境。对于他们来说,公务员才是体面的、有权威性的工作;他们不喜欢商业和服务业的工作,看不上体力劳动,自认为自己该活得轻松自如,应该有一个更好的职位,工作时间更自由。他们非常固执地认为自己由于某些方面的优势而会有更广阔的前途,但事实上并非如此。

看不起自己工作的人,其实是人生的懦夫。与轻松体面的公务员工作相比,商业、服务业需要付出更加辛苦的劳动,需要更实际的能力。一个人如果为自己害怕接受挑战而找各种借口，久而久之就会看不起自己的工作了。

很多这样的人可能在学生时代就非常散漫，一通过了考试，就把书本扔到一边，自以为从此以后所有的人生坦途都向他展开了。他们对于理想的工作是什么样的，产生了许多错误的认识。（如果说对他们而言，理想的工作可能引起什么幻想的话。）

莱伯特曾经对这类人发出过警告："如果人们只追求高工资与稳定的政府职位，将会非常危险。这说明这个民族的独立精神已经枯竭；或者更严重些，一个国家的人民如果仅仅是费尽心机地寻找这样的职位，那将使得整个民族无法自由生活。"

懒散只会给我们带来巨大的损失。每个人都有属于自己的舞台，有些年轻人用自己的才能来创造美好的事物，为社会做出了贡献；另外一些人前怕狼后怕虎，做事缩手缩脚，没有生活目标，浪费了天生的才干，只能平庸地过一生。本来可以创造辉煌的人生，结果却平庸无为，这是一个巨大的遗憾。一个农夫，既有可能成为华盛顿那样的大人物，也可能终日庸庸碌碌，就这样终老一生。

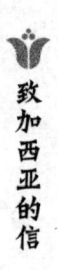

每一件事都值得我们去做

我们应该尽力去做每一件事，每件事都值得我们这样去做。

卢浮宫收藏着莫奈的一幅作品，这幅画描绘了女修道院厨房里的情景：画面上一群天使正在工作，一个正忙着架水壶烧水，一个正优雅地提起水桶，另外一个穿着厨衣，伸手去拿盘子——这些都是日常生活中最平凡的事，但是天使们都专注而认真地做。

行为本身并不能说明自身的性质，起决定意义的是我们行动时的精神状态。工作是不是单调乏味，往往是由我们工作时的心态决定的。

人的整个生命始终贯穿着人生目标，使你与周围的人区别开来的正是你在工作中所持的态度。一天又一天，朝朝暮暮，它们或者使你的思想拓展得更丰富开阔，或者使其更狭隘，或者使你的工作变得更加高尚，或者使其更加低俗。

对你的人生而言，每一件事情都具有十分深刻的意义。你是建筑师或者泥瓦匠吗？你在砖块和砂浆之中看出诗意了吗？假如你是图书馆的管理员，经过辛勤劳动，在整理书籍的间隙，你是否感觉到自己已经取得了一些进步？假如你是学校的老师，你是否对每天一成不变的教学工作感到厌倦？你可能一见到自己的学生，就变得非常认真而有耐心，所有的烦恼都一扫而空了。

如果看待我们的工作，你没有学会换一种眼光，或仅用世俗的标准来衡量我们的工作,这样的工作在你看来将会是毫无趣味、单调乏味的,没有任何价值,也没有任何吸引力和作用可言。

这就好像我们从外面观察一个大教堂的窗户。大教堂的窗户满是尘埃,非常灰暗,美丽已消失,只剩下单调和破败的感觉。但是,当我们走进教堂,立刻可以看见窗户上那绚烂的色彩、清晰明快的线条。阳光透过窗户,奔腾跳跃形成了一幅幅美丽的图画。

由此,我们可以受到启发:每个人看待事物的方法是有局限的,只有从内部去研究,才能发现事物真正的本质。有些从表象看也许单调乏味的工作,深入其中会认识到其意义所在。

因此,无论是否幸运,每个人都应该从工作内部去理解工作,将它看作是人生的权利和荣耀,只有这样才能保持自己个性的独立。

每一件事都值得我们去做。你应该认真去做每一件事,即便是最普通的事,也应该全力以赴、尽职尽责地去完成。只有先完成小任务,以后才能成功把握大任务。只有脚踏实地地向上攀登,才不会轻易跌倒。获得力量的真正的秘诀就蕴藏在工作当中。

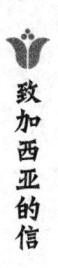

将工作当成人生的乐趣

即使你的处境再不尽如人意，也不应该对自己的工作产生厌烦情绪，因为这会成为世界上最糟糕的事情。如果环境迫使你必须做一些令人乏味的工作，你应该想尽办法使工作充满趣味。只有积极地投入到工作中，才能无往不胜，无论做什么都取得很好的成绩。

在工作中人可以学习，可以获取经验、知识和信心。在工作中你所投入的热情越多，决心越大，你的工作效率就越高。当你对工作抱有这样的热忱时，上班就不再是一件令人难受的事，工作就变成一种乐趣，也就会有许多人愿意聘请你去做你自己所喜欢的事。

工作是为了让你变得更快乐！如果每天认真工作八小时，就等于你快乐地学习了八小时，这是一件多么令人兴奋的事情啊！

我见过一些人，他们拿很高的工资，是在大公司工作的员工，拥有渊博的知识，受过专业的技能训练。他们在写字楼里出没，有一份令人羡慕的工作，但是他们并不快乐。他们也不喜欢与人交流，不喜欢星期一，他们很孤独；他们仅仅是为了生存才工作，他们视工作为枷锁；他们常常患胃病和神经方面的病症，他们的健康令人担忧，很多人精神紧张，未老先衰。

当你充满乐趣积极工作的时候，就该忠实于自己的选择，不要轻易变动。当你开始觉得，情绪越来越紧张，压力也越来越大，在工作中无法感受到乐趣，没有令你满足的成就感，这就说明有些事情不对劲了。这个时候我们首先要从心理上调整自己，否则就算换一万份工作也不会有好的改观。

一个人如果能用火焰般的热忱和精益求精的态度对待自己的工作，充分发挥自己的才能，无论他做什么工作，都不会觉得太辛苦。只要拥有一腔热忱，即使做最平凡的工作，也能成为最精巧的艺术家；如果以冷淡的态度对待工作，那么，即使是从事最不平凡的工作，也绝不可能成为杰出的人。各行各业都有发展才能的机会，没有一项工作是没有机会的。

一个对自己的工作鄙视、厌恶的人必然将会遭遇失败。真挚、乐观的精神和百折不挠的毅力才是引导成功者的磁石，而绝对不是对工作的鄙视与厌恶。

无论自己的工作是如何的平凡而毫不起眼，都应当以专业的精神对待它，付出十二分的努力。只有这样，你才可以从平庸无为的境况中解脱出来，不再有劳碌辛苦的感觉。同时，厌恶的感觉自然也会烟消云散。

抱怨一般是逃避责任的借口，这种行为无论对自己还是对社会都是不负责任的。看一下亨利·恺撒——一个真正成功的人，不仅因为冠以其名字的公司拥有巨额资产，更由于他的慷慨和仁慈，许多哑巴得以受到治疗并开口说话，许多跛者得以过上正常人的生活，穷人得以以低廉的费用得到了医疗保障……而这一切都是由他的母亲在他的心田里所播下的"要勇于承担责任"这颗种子结出来的美丽果实。

他的母亲玛丽·恺撒给了他无价的礼物：教他懂得了什么是人生最伟大的价值。他母亲在完成工作之后，还会花一段时间做

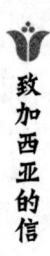

义务保姆，帮助不幸的人们。她常常对儿子说："亨利，不工作就不可能完成任何事情。我没有什么可留给你的，只有一份无价的礼物：工作的欢乐。"

恺撒说："对人的热爱和为他人服务的重要性，是我的母亲最先教给我的品格。她常常告诉我，热爱人和为人服务是人生中最有价值的事。"

这样一条积极的法则一旦被你掌握，一旦你将个人兴趣和自己的工作结合在一起，那么，你的工作将不会显得辛苦和乏味。兴趣会让你整个人都充满活力，使你即使睡眠时间不到平时的一半，工作量增加两三倍都不会觉得疲劳。

工作并不纯粹为了满足生存的需要，其实也是实现个人人生价值的一种手段。一个人不能无所事事地终老一生，而应该试着将自己的爱好与所从事的工作结合起来，无论做什么，都要真心热爱自己所做的事，那么就能乐在其中。

成功者不但乐于工作，并且能与他人分享工作中的喜悦，使大家不由自主地接近他们，乐于与他们相处或共事。工作是人生中最有意义的事，与同事相处是一种缘分，与顾客、生意伙伴见面是一种乐趣。

罗斯·肯说："只有通过工作，才能保证精神的健康；边工作边思考，只有这样，工作才是件快乐的事。"

懒惰对心灵是一种伤害

人之所以懒惰，要么是因为病了，要么就是还没找到喜爱的工作。没有人是天生懒惰的，人人都希望有事可做。刚刚从病中痊愈的人也盼望能起床，四处走动，只要能回到工作岗位上做点事，任何事都可以。

懈怠会让人无聊，同时也会导致懒散。与此相反，工作可以激发兴趣，兴趣则促成热忱和进取心。

科莱门特·斯通曾说："支配情绪是理智无法做到的，相反，行动却能改变情绪。"选定一件自己最擅长、最乐意投入的事，然后尽全力去做吧！

有许多人认为自己的老板太苛刻了，为他工作而付出那么多的努力是根本不值得的。然而他们却忽略了这样一个道理：在工作中闲散地消磨时间虽然会伤害你的雇主，但同时也伤害你自己，后者的伤害甚至比前者更深。

一些人努力地去逃避工作，却不愿花费相同的精力去努力完成工作。

他们自认为可以骗过老板，其实，最终受害的只是他们自己。老板可能对每个员工对待一份工作的态度和每一份工作的细节并不清楚，但是一位优秀的管理者会很清楚努力最终带来的结果是什么。由此可以肯定，那些妄图混日子的人决不会获得升迁和奖励。

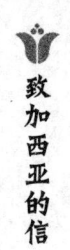

只要你始终保持勤奋的工作态度，你必然会得到他人的称许和赞扬，赢得老板的器重，同时也会获取一份最可贵的资产——自信，对自己所拥有的才能的自信和赢得他人或者一个机构的器重的自信。

懒惰会吞噬人的心灵，甚至使人对那些勤奋之人充满了嫉妒之情。

那些思想贫瘠、愚蠢、慵懒怠惰的人只会注重事物的表象，而无法看透事物的本质。他们相信的只是运气、机缘、天命之类的东西。如果人家成功了，他们就说："不过是好运而已！"如果他人知识渊博、聪明机智，他们就说："那是天分。"如果发现有人德高望重、影响广泛，他们就说："他碰巧遇到机会。"

那些成功的人在实现理想过程中所经受的考验与挫折，他们没能亲眼目睹；他们只会注意别人的光明与喜悦，而对别人所受的黑暗与痛苦视而不见；他们不明白，假如要实现自己的梦想就要付出巨大的代价、不懈的努力，并克服重重困难。

任何人都是如此，只有经过不懈努力才能有所收获。收获什么样的成果取决于个人努力的程度，机缘巧合这样的事不过是一种托辞。

拖沓和逃避是一种恶习

懒惰之人的重要特征之一就是拖沓。把前一天该完成的事情拖延到下一天,这是一种很糟糕的工作习惯。拖沓是一种最危险的恶习,它具有很大的破坏性,使人丧失进取心。每一位渴望成功的人都不会这样干的。

这种遇事推脱行为一旦开了头,就很容易再次拖延,直到变成一种根深蒂固的习惯。

行动是解决拖沓的唯一良方。当你开始着手做事,不管是什么事,你就会惊讶地发现,自己的处境正迅速地改变。

习惯性的拖沓者通常也是制造各种借口、托辞的行家。只要一个人存心拖延逃避,他总会找出成千上万个理由,来为事情无法完成找出种种借口,而对事情应该完成的理由却想得少之又少。

"事情太困难、太昂贵、太花时间"——他总会为自己找到类似的借口,相信前者要比相信"只要我们更努力、更聪明、信心更强,没有什么事情是完不成的"的念头容易得多。

这类人不愿意接受工作,而只想寻找托辞。如果你发现自己经常为了没做某些事而制造借口,或为事情未能按计划实施而想出千百个理由辩解,那么,最好自我反省一番。千万不要再作毫无意义的推脱了,赶紧动手做吧!

拖沓是浪费生命。这种行为人们在日常生活中司空见惯,如

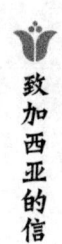

果你检察自己一天的时间安排，就会惊讶地发现，拖沓无时无刻不在消耗着我们的生命。

拖沓的原因主要是因为人的惰性，每当要付出辛劳或做出某种抉择时，我们总会为自己找出托辞，通过自我安慰来让自己轻松些、舒服些。有些人能瞬间果断地克服惰性，积极主动地面对挑战；有些人却为惰性所困，被惰性所控制，不知所措，无法掌控自我……时间就在这种无谓的挣扎中，一分一秒地被浪费了。

这样的经历人人都有：清晨，闹钟把你从睡梦中叫醒，你一边想着自己订的计划，一边却怠惰地依恋着温暖的被窝，不断地对自己说："起床吧。"同时却在不断地给自己寻找借口，再等一会儿。于是，在忐忑不安的心情之中继续多躺了五分钟，甚至十分钟……

拖沓是对惰性的纵容，一旦形成习惯，对人的意志就是一种消磨，使得人们对自己越来越不自信，开始怀疑自己的毅力和目标，最终使得自己在面对每一件事的时候变得犹豫不决。

当然，有时候由于顾虑太多、犹豫不决也会造成拖沓。一个人应该学会谨慎，但过于谨慎就成了优柔寡断，像早上起床这样的事是没必要作太多考虑的。当知道自己要做一件事时应该立即动手，想尽一切办法不去拖延，绝不多留一秒钟的思考余地给自己。千万不能让自己和惰性打一场没有意义的拉锯战，对付惰性最好的办法就是根本不让惰性出现。在事情开始时，总是会先产生积极的想法，但是，一旦头脑中产生出"我是不是可以……"这样的念头时，惰性就出现了，"战争"也就开始了。一旦战争开始，谁胜谁负就难说了。所以，最好的办法就是积极的想法一出现，就立刻行动，这样惰性就没有乘虚而入的可能。

在寻找借口上，人们都如此聪明，却无法将这样的聪明用在工作上，这真是一件非常奇怪的事。如果那些人不是一天到晚想着如何寻找借口，而是将他们的精力和创意的一半用到正途上，他们很可能会取得巨大的成就。

一定要根除拖沓的习惯。应该在上星期、去年甚至十几年前该做的事情总是拖到明天去做，这种可怕的习惯啃噬人的意志。除非你改掉了这种坏习惯，否则你一生将一事无成。

要改变这种恶习有许多方法，这些办法可以帮你克服这种恶习：

第一，每天从事一件明确的工作，不必等待别人的指示，能够主动去完成；

第二，多寻找，每天至少找出一件对其他人有价值的事情，而且不要过多地对获得报酬抱有期望；

第三，每天都要把养成这种主动工作习惯的价值告诉别人，至少是告诉一个人。

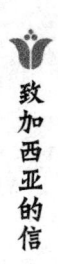

现在就动手做吧

立刻就动手去做吧！

这句话能产生出令人吃惊的效果。在任何时候，一旦你觉察到拖沓的恶习正悄悄地向你靠近，或者发现你已陷入这种恶习，无法摆脱，你就需要用这句话提醒自己。

每天都会有很多事情需要做，假如你被惰性所控制，那么不妨就从碰见的任何一件事着手，开始这一天的工作。

做什么事并不重要，重要的是，你不再无所事事了。从另一个角度来说，如果你试图逃避某项不愿做的工作，那么你就应该从这项工作开始，立即动手。否则，遇事拖沓的习惯会一直困扰你，使你觉得任何事都乏味枯燥而不愿意动手。

当你养成"立刻就动手做"的工作习惯，你就掌握了个人进取的秘诀。你工作的能力加上你工作的态度决定了你的报酬和职务。往往在公司担任最重要的职务的人是工作效率高、做事多、遇事积极果断的人。当你下定决心以积极的心态做事时，你就真正朝自己的远大前程迈出了重要的一步。

刚开始，要坚持这种态度确实很不容易，但只要坚持下去，你会发现，这种态度会逐渐地成为你个人价值的一部分。而当你得到他人的肯定，体验到这样的态度给你的工作和生活所带来的好处时，你就会坚定地用这种态度做事。

忙碌的人永远不会拖沓，对于他们而言，生活可能正如莱特所形容的那样:"骑着脚踏车前行,要么保持平衡地前进,要么摔倒在地。"效率高的人常常有这样的观点——限时完成工作。他们会先确定自己做每件事所需的时间的多少,然后强迫自己在预期内完成。即使你的工作并没有严格的时间限制,也应该经常训练自己限时完成任务。当你发现自己能在短时间内做更多事情的时候,对自己的成就你一定会惊讶不已!

那些勤奋、忙碌的人能够快速圆满地完成一件事情,而那些懒散拖沓的人因为习惯于滥竽充数和偷工减料,大多数人甚至无法知道自己处理事情的真正能力。每天的挑战他们不愿意迎接,这样永远也不会激发自己的潜能。

人人都有这样的经验:面对一件自己非常感兴趣的事情,无论多么忙碌都可以腾出时间去做,但是,面对那些无趣的工作,我们总是轻易推脱,甚至有意无意地把它遗忘。

其实,无论什么事情,成功的关键在于行动之前我们对自己有怎样的期望,给自己定下了什么样的目标。别人用什么样的标准来评估你,是因为你用什么样的标准衡量来自己。爱默生说:"紧紧追踪四轮车到星球上去,这样比在泥泞道上追踪蜗牛爬行的踪迹更容易达到自己的目标!"

人生成功的秘诀无它,就是要一点一滴地奠定基础。先给自己设定一个确切实际的目标,确实达到之后,再迈向更高的目标。

立刻就动手做吧!

一定要勤奋工作

"让我们勤奋工作！"这是古罗马皇帝的临终遗言。当时，在他的周围聚集着全部的士兵。

罗马人的伟大箴言："勤奋与功绩。"这也是他们征服世界的秘诀。在那个时候，所有凯旋的将军都要归乡务农。当时，农民是受人尊敬的职业，罗马人被称为优秀的农业家，其原因也正在于此。正是由于罗马人的勤劳品格，罗马才逐渐变得强大。

然而，在财富不断增加，奴隶数量不断增多之后，罗马人开始厌倦劳动，于是，整个国家开始衰退。结果，由于懒散而导致了犯罪横行、腐败滋生，这个曾经辉煌的、有着崇高精神的民族变得弱小贫穷。

在很多人的眼里，即将成功的人在这个世界上到处都是，他们认为自己能够并且应该成为这样或那样非凡的人物。但是，事与愿违，最终，他们并没有成为自己所想的那种英雄。

这到底是为什么呢？

因为他们没有付出获得成功所需的代价。虽然他们希望到达成功的巅峰，但如何越过那些艰难的台阶，自己却没有准备好；他们对胜利充满渴望，但不愿意参加战斗；他们将所有希望寄予事业一帆风顺，但没想过如何应对阻力。

懒惰的人常常抱怨自己竟然不能让自己和家人丰衣足食；相反，勤奋的人会说："虽然我没有什么出众的才能，但我起码能拼命干活来保证我和家人衣食无忧。"

在古罗马，有一座颂扬美德的圣殿与一座颂扬荣誉的圣殿。在安排位置时，古罗马人特意作了如下安排：必须经过前者，才能达到后者。他们的意思很明显：只有经过勤奋的努力才可能获得荣誉。

多年行为习惯形成了一个人的品性。把一种行为重复多次就会逐渐成为习惯。人开始变得不由自主，毫无阻碍地、下意识地、反复地做同样的事情，最后不这样做反而觉得不自在，这样就形成了他的品性。

因此，思维习惯和成长经历决定了一个人的品性，他在人生中做出努力的多或少，作出选择的善或恶，这些都最终决定了他品性的好坏。

有一位可怜的失业者，他为人忠厚老实，从不逃避工作。他想要工作，却总是被拒绝在工作的门外。尽管他曾经努力地去尝试，结果依然是失败，为什么会这样呢？

如果追溯他以前的工作经历，我们或许会发现，尽管他曾经做过许多事情，但总是因为负担太重而逃避困难。他像大多数人一样渴望一种安逸的生活，无所事事被他看成是人生最大的乐趣。年轻的时候不珍惜机会，最终只能无所事事庸庸碌碌地生活。他原本渴望的"美好生活"，却成了一枚他无法吞咽的苦果。

"安逸的生活很容易使人堕落，无所事事会令人落后、退步。只有勤奋工作才是最高尚的，才能给你的人生带来真正的幸福和乐趣。"最后，这个失业者终于意识到这一点，他开始改掉自己好逸恶劳的恶习，努力去寻找一份自己力所能及的工作，境况逐渐开始好转。

机会来自于苦干

有许多不幸的可怜虫生活在这个世界上,当机会降临,向他们叩门时,他们却视而不见,听而不闻,因为他们正躺在床上睡大觉。

那些浪费时间、总是偷懒的人,机会永远不会花费气力去寻找他们;机会好像长了眼睛,总是把目光落在那些忙得无暇照料自己成就的人身上。就逻辑而言,那些时间充裕的人应该会得到机会的垂青,但事实上,机会却是为那些有梦想和实施计划的人准备的。我们总以为机会是活的,会动的,它会主动找到那些愿意迎接机会的人。事实上,刚好相反,机会是一种想法和观念,它只存在于那些认清机会的人的心中。因此,别去问老板为什么你没有获得晋升,你自己应该最清楚这个问题的答案。

世界上有许多贫穷的孩子,他们虽然出身卑微,却成就了伟大的事业:富尔顿制造了第一艘蒸汽机轮船,他成为了美国最著名的工程师;法拉第凭借药房里的药品,成了英国有名的化学家;惠特尼凭借小店里的几件工具成了纺织机的发明者;贝尔用人人可见的简单的器械发明了电话。

美国历史上有很多感人肺腑、催人泪下的故事,在故事里,那些主人公确定了伟大的人生目标,不管在前进中遭遇了多少困难、多少阻碍,他们都会以坚韧的意志力加以克服,也由此最终获得成功。

"我没有机会！"失败者常常会有这样的借口。他们将失败的原因归结为没有人给他们机会，别人总是抢走了好机缘。与此相反的是，这样的借口那些意志力坚强的人决不会需要，他们从来不等待机会，也不向亲友们哀求，而是凭借自己的勤劳去努力创造机会。他们相信，只有自己才能拯救自己。

亚历山大在一次战役取得了胜利，有人问他是不是应该等待下一次机会，再去进攻另一座城市，亚历山大听后竟非常生气："机会？机会是靠我自己创造出来的。"不断地创造机会，这就是亚历山大成为历史上最伟大的君主的原因。只有这样不断创造机会的人，才能建立丰功伟绩。

无论做什么事情，等待机会都是极其危险的。一切努力和渴望都可能因等待机会而白白浪费，而最终也等不到机会。

现实世界里，四处都有大批失业的人群，粗看上去，这似乎是社会经济对劳动力的需求不足。而事实上，在报纸上、人才市场上，到处是"诚聘员工"的广告，企业中许多职位虚席以待。不过，空缺的岗位需要的是那些受过良好的职业训练和勤奋敬业的员工。

年轻人在看了林肯的传记，了解了他幼年时代的境遇和后来的成就后会有何感想呢？林肯小时候住在一所极其简陋的房子里，没有窗户，也没有地板，连生活必需品都很匮乏，更谈不上能够读报纸和书籍了。用今天的居住标准看，他简直就是生活在荒郊野外。他的家距离学校非常远，到学校去要走二三十里路，然而就是在这种情况下，他每天坚持不懈地步行去上学。为了能借几本参考书，他不惜步行一两百里路。晚上，借着燃烧木柴发出的微弱火光来努力阅读……林肯只受过一年学校教育，他成长于艰苦卓绝的环境中,然而凭借自己的努力奋斗,最终成为美国历史上最伟大的总统,成了世界上最完美的模范人物。

成功永远属于那些富有奋斗精神的人。那些一味等待机会的人,永远不会成功。应该牢记,要靠自己去创造机会。那些认为他人手中掌握着自己发展机会的人,最终一定会失败。就像未来的橡树包含在橡树的果实里一样,机会包含于每个人的人格之中。

在困境中,假如林肯说"我没有机会!"这个生长在穷乡僻壤、住在破烂房子里的穷孩子,根本不可能成为白宫的主人,成为美国总统。相反,同时代有许多孩子,出生于良好家庭环境,他们有漂亮的学校、藏书丰富的图书馆,成就反而不如一个在贫苦环境中成长起来的孩子。有许多出生于贫民窟的孩子,成为议员、大银行家、大商人,这样的事例不胜枚举。许多大商店、大工厂都是那些"没有机会"的孩子靠着自己的努力创立的。

失败者只会用"没有机会"做挡箭牌。

第二章

对待公司：敬业

当敬业成为一种习惯时，我们就能从中学到更多的知识，积累更多的经验，收获更多的快乐。

敬业是人的使命

敬业精神是为人类共同拥有和崇尚的，是人的使命所在。从现实来看，敬业就是敬重自己的工作，将工作当成自己的事。具体表现为忠于职守、尽职尽责、认真负责、一丝不苟、善始善终等职业道德，其中包含着使命感和道德责任感。这种道德责任感在当今社会是获得事业成功的重要条件，也是一种最基本的做人之道。

任何一家公司想在市场竞争中取胜，必须做到使每个员工敬业。只有员工敬业，公司才能够给顾客提供高质量的服务，才能够生产出高质量的产品。推而广之，一个国家如果想立于世界之林，也必须使其人民敬业。警察尽心尽力为民众服务；行政官员勤奋思考，并制定和执行政策；议员代表勤于问政……每个人都能做一行爱一行，这样的社会才能被称为敬业的社会。

然而，现实生活中的实际情况并非像设想的这样，不管我们选择什么行业，无论我们去往哪里，总是会发现许多投机取巧、逃避责任、寻找托辞的人，他们缺乏对敬业精神的理解，进一步说，他们缺乏一种神圣使命感。表面上看，敬业是对公司有益，对老板有益，但其实最终的受益者是我们自己。

当敬业成为一种习惯时，我们就能从工作中学到更丰富的知识，积累更多的经验，在全身心投入工作的过程中我们还能找到快乐。这种习惯或许不会立刻取得效果，但可以肯定的是，当

"不敬业"成为一种习惯时，其后果非常可怕。工作上投机取巧不仅会给你的老板带来经济损失，还可能会毁掉你的一生。

人格往往决定了成败。一个人如果勤奋敬业，即使不能获得上司的赏识，但至少可以获得他人的尊重。那些投机取巧之人往往被人看作人品不好，这给他的成功之路设置了障碍。即使他利用某种手段爬到一个高位，很快就会因不劳而获付出代价，他会失去最宝贵的资产——名誉。实际上，诚实及敬业的名声才是人生最大的财富。

我认识一个很有才华的年轻人，他工作缺乏敬业精神，报社急着要发稿的时候，他却回家睡大觉去了，因此影响了报纸的出报时间。这样的人永远不会获得尊重和提拔。人们尊敬那些能力一般但尽职尽责的人，却不会尊敬一个能力一流但不负责任的人。

敬业会受人尊重，进而会为自己赢得自尊心和自信心。只要你能忠于职守，毫不吝惜地投入自己的精力和热情，那么不管你的薪水有多低，不论你的老板多么不器重你，渐渐地你都会为自己的工作感到骄傲和自豪，同时也会赢得他人的尊重。只要以主人和胜利者的心态去对待工作，工作自然而然就能做得更好。

事实上，往往是缺乏自信的人，才会有对工作不负责任的表现，他们也是无法体会快乐真谛的人。要知道，当你把工作推给他人时，实际上也将自己的快乐和信心转移给了别人。

曾经有人问一位成功人士："你认为大学教育对于年轻人的将来是有用的吗？"这位成功人士的回答发人深思。"从经商这方面来说，大学教育是必需的，但还不够。商业需要的更多是敬业精神。事实上，对于许多年轻人来说，在他们应当培养全力以

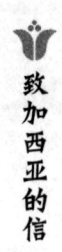

赴的工作精神时却被父母送进了校园。对年轻人而言，大学就意味着他一生中最惬意最快活的时光。但是当他正值生命的黄金时期，毕业走出校园，开始接触具体问题时，年轻人往往很难将自己的身心集中到工作上，结果只能白白地看着成功机会从身边溜走，这是很可惜的事。"

全心全意，尽职尽责

一份英国报纸刊登了这样一则招聘教师的广告："工作很轻松，但要求全心全意，尽职尽责。"

其实不仅仅是教师如此，所有的工作都应该全心全意、尽职尽责才能做好。这正是敬业精神的基础。

无论一个人从事什么职业，都应该尽职尽责，尽自己的最大努力，求得不断地进步。这不仅是工作的原则，也是人生的原则。如果没有了职责和理想，生命就会变得毫无意义。

无论你身居何处（即使在贫穷困苦的环境中），如果能全身心投入工作，那么你可能最后就会获得经济自由。那些努力在某一特定领域里进行过坚持不懈的工作的人，他们必将在自己的人生中取得成就。

专心做好一件事比对很多事情都懂一点皮毛要强得多。一位总统在得克萨斯州一所学校作演讲时，对学生们说："你们需要知道，有一件事情比其他事情都重要，那就是怎样将一件事情做好；比起其他有能力做这件事的人来，如果你能做得更好，那么，你就永远不会失业。"

一个成功的经营者说："如果你能真正制好一枚别针，会比你制造出粗陋的蒸汽机赚到的钱更多。"

有一个问题许多人都曾为之困惑：明明自己比他人更有能力，但为什么却远远落后于他人？在疑惑和抱怨之前，你应该先

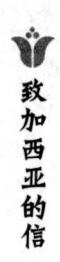

问问自己一些这样的问题：

——你是否真的走在前进的道路上？

——你是否像艺术家研究自己的作品一样，仔细研究职业领域的各个细节问题？

——为了增加自己的知识面或者为了给你的老板创造更多的价值，你是否认真阅读过专业方面的书籍？

——你能否对自己的工作做到尽职尽责？

假如你对这些问题的回答是否定的，那么这就是你无法取胜的原因。既然认定一件事情是正确的，那就应该大胆而尽责地去做！如果你觉得它是错误的，就干脆别动手。

有些泥瓦工和木匠技术半生不熟，他们胡乱地将砖块和木料拼凑在一起，就这样建造房屋，结果，在这些房屋尚未售出之前，就有一些在暴风雨中坍塌了；技术不精的医生不愿花更多的时间学好技术，结果做起手术来笨手笨脚，给病人带来了极大的生命危险；律师如果在读书时不注意培养能力，那么，办起案件来就会捉襟见肘，让当事人白白花费金钱……这些人都是缺乏敬业精神的活生生的例子。

让这些话成为你的座右铭吧！——"把自己的工作做到最好！下决心成为自己的工作领域最好的，掌握自己职业领域的所有问题。"如果你精通自己的全部业务，在工作方面是真正的行家，那你就能赢得良好的声誉，也就拥有了一种成功的秘密武器。

"你是如何完成如此多的工作的？"曾经有人向一位伟人请教个人应该怎样努力才能成功。

"如果我想做一件事，在那段时间里我就会集中全部的精力去做，直到我彻底做好它。"

你不能因为对自己的工作没有做好充分的准备而导致的失败去责怪他人、责怪社会。现在，你最需要做到的就是"精通"二字。

经过了千百年的进化，大自然才能够长出一朵艳丽的花朵、一颗坚实的果实。但是在当今社会，年轻人仅仅读了几本法律书，就想处理一桩桩棘手的案件，不过是听了两三堂医学课，就急着要上手术台。要知道，一个手术维系着一条宝贵的生命啊！

在学生时代就养成了虎头蛇尾、三心二意、懒懒散散的坏习惯，只会运用一些小聪明来蒙混过关，欺骗老师，这种人一旦进入社会，绝不可能指望他出色地完成任何任务。

去银行办事时总是迟到，人们会拒付他的票据；与人约会时总是迟到，会让人大失所望。一个人如果认为小事情不值得认真对待，他想著书立说的话，必定漏洞百出。那些从来不认真地整理自己的论文和书信，所有的文稿和信件都被散乱地堆放在书桌上的家伙，办事时总会缺乏条理，不讲究秩序，思维也不缜密。这样的结果是，他会逐渐丧失自己最基本的立场、原则和态度，也会失去他人对自己的信心。

这种人注定会是失败者，让家人和同事为他们感到沮丧和失望。万一这种人不幸成为领导，将会造成更恶劣的影响，当下属看到他们的上司不是一个精益求精、细心周密的人时，往往会受到影响，群起而效仿。这样一来，整个内部都会被这种人所渗透，进而影响公司的发展。曾经有两位先哲说过："如果你打算做一件事情，那就全身心投入去做吧！""不论你做什么样的工作，都要尽职尽责地去做！"

做事情无法有始有终的人，在他的心灵中也一定缺乏相同的特质。他不会培养自己的个性，他会因意志不坚定，而无法实现自己追求的目标。在贪图享乐的同时，还想修道，自以为可以左右逢源的人，到最后不但享乐与修道两头落空，还会追悔莫及。从某种意义而言，全心追名逐利倒是比敷衍修道要好。

严谨的品格、超凡的才能都是在一丝不苟的做事方式中慢慢培养起来的；它既能带领普通人往好的方向前进，更能鼓舞优秀的人追求更高的境界。

做任何事情都需要全力以赴，因为对待事物的态度直接决定了一个人日后事业上的成败。如果一个人能够全力以赴地工作，就会消除工作带来的疲劳，就能掌握打开成功之门的钥匙。

即使所做的是最平凡的职业，只要能处处以主动尽职的态度工作，也能为个人增添荣耀。

一天多做一点

在工作中仅仅是全心全意、尽职尽责，这是不够的，还应该比自己分内的工作多做一点，比别人期待的更多做一点。虽然只是多做一点，却可以吸引更多的注意，让自己拥有更多自我提升的机会，它是自己创造的。

要想鞭策自己快速进步，你就需要做自己职责范围以外的事，包括你没有义务要做的，也需要你自愿去做。

主动去做事，这是一种极其珍贵、备受看重的品质，它能使人变得更加敏捷和积极。无论你是管理者，还是普通职员，"一天多做一点"，这种工作态度会使你从竞争中脱颖而出，得到更多的机会。你的老板、委托人和顾客也会关注你、信赖你。

不可否认，一天多做一点工作会占用一些你的时间，但是，你的行为会帮你赢得良好的声誉，他人对你的重视与需要也会增加。

卡罗·丹尼斯先生现在是杜朗特先生的得力助手，担任其下属一家公司的总裁，但是最初他为杜朗特工作时，职务很低。为什么他能得到快速升迁？"一天多干一点"是主要原因。

我曾经拜访丹尼斯先生，并且询问他的成功诀窍。他平静而简短地道出了个中缘由："刚刚为杜朗特先生工作的时候，我就留意到，即使所有人都下班回家了，杜朗特先生仍然每天留在办公室里加班到很晚。因此，我决定下班后也留在办公室里。是

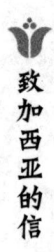

的，的确没有人要求我这样做，但我认为自己应该留下来，在杜朗特先生需要时提供一些帮助。"

"工作时杜朗特先生经常亲自找文件、打印材料，最初都是他自己来做这些工作。很快，他就发现我随时在等待他的召唤，并且逐渐养成招呼我的习惯……"

杜朗特先生之所以会养成召唤丹尼斯先生的习惯，是因为丹尼斯每天和他一起留在办公室里，杜朗特先生能够看到他。他诚心诚意为杜朗特先生服务，这样做并没有指望获得报酬。但是，他通过这样做赢得老板的关注，获得了更多的机会，并且最终获得了提升。

我们可以找出数十种甚至上百种理由解释，为什么你必须养成"一天多做一点"的好习惯——尽管事实上很少有人这样做。但是，其中最重要的两个原因是：第一，与四周那些尚未养成这种习惯的人相比，你养成了"一天多做一点"的好习惯之后，已经占有了优势。如果拥有这种习惯，今后无论你从事什么行业，都会有许多人点名要求你提供服务。第二，锻炼自己的右臂，要使得右臂更强壮的唯一途径就是使用它来做最艰苦的工作。如果你长期不使用你的右臂，让它养尊处优，其结果就是使它变得更虚弱甚至萎缩。

要想能够产生巨大的力量，那就需要在身处困境的时候还能拼搏，这是人生亘古不变的法则。

多做一点不是自己分内的工作，不仅能向别人彰显自己勤奋的美德，还能培养一种超凡的技巧与能力，使自己摆脱困境，而你本人也将拥有更为强大的生存力量。

随着社会的发展，公司的成长，个人的职责范围也逐渐扩大。把不是分内的工作分配到你头上时，千万不要用"这不是我分内的工作"这种理由来逃避责任，而要把它当作是一种机遇。

别以为没人注意到你的提前上班，许多人睁大眼睛看着。提前到达公司，起码能够说明你十分重视这份工作。每天提前一点到达，你可以有时间对一天的工作作个规划，当别人还在考虑当天该做什么时，你已经走在别人前面了！

要想成为一名成功人士，树立终身学习的观念非常重要。除了要学习专业技能，还应该始终拓宽自己的知识面，一些表面看起来无关的知识往往会对未来起巨大作用。

"一天多做一点"，这种习惯能够给你提供很好的学习机会。

如果你做了原来不属于你的工作，这就创造了机会。"问题"的真面目其实就是机会的样子，这是当机会来临时我们无法确认的一个很重要的原因。那些顾客、同事或者老板交给你的某个难题，怎样解决问题，对于一个优秀的员工而言，这是最重要的。对你而言，也许这正是一个珍贵的机会。至于公司的组织结构怎样，谁该为此问题负责，谁应该具体完成这一任务，这些都不是最重要的。

如果顾客、同事和你的老板向你要求帮助，让你做一些分外的事情，而不是让他人来处理，把你当成这件事的责任人，计划一下你应该如何更好地解决这些问题，积极地伸出援助之手吧！让自己换一个角色，努力换一个角度来思考问题。

每天不为获得报酬地多做一点，其结果是往往获得的更多。

对艾伦一生影响深远的一次职务提升便是由一件小事情引起的。那是一个星期六的下午，一位律师（其办公室与艾伦的同在

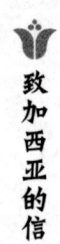

一层楼）走进来说，他手头有些工作必须当天完成，问艾伦哪里能找到一位速记员来帮忙。

艾伦告诉他，公司所有速记员都去观看球赛了，再过五分钟，他也要走了。但是，接着,艾伦表示自己愿意留下来帮助他，他的原话是："工作必须在当天完成，但是球赛随时都可以看。"等艾伦把工作完成了，律师问艾伦应该付他多少钱。艾伦开玩笑地回答："哦，如果给别人干活，我是不会收取任何费用的，既然是你的工作，你给我1000美元吧……"律师笑着向艾伦表示谢意。

艾伦的回答其实仅仅是开个玩笑，他并不是真的想得到1000美元。但出乎艾伦意料的是那位律师竟然真的这样做了。那是六个月之后，在艾伦早已将此事忘到了九霄云外时，律师却给了艾伦1000美元，并且真诚地邀请艾伦到自己公司工作，薪水足足比艾伦原先的工资高出1000多美元。

在那个周六的下午，艾伦放弃了自己喜欢的球赛并且出于帮助人的想法多做了一点事情。他最初的动机只是出于乐于助人的愿望，并不是由于在金钱上的考虑。艾伦完全可以不放弃自己的休息日，拒绝帮助他人，但是他选择了多做一点，这不仅为自己增加了1000美元的现金收入，而且为自己带来一项比以前更重要、收入更高的职务。

另一位成功人士曾经向我讲述他是如何走上成功道路的：

"我曾在一家五金店工作，那时我才刚刚踏入社会谋生。那份工作一年才挣75美元，要知道那是50年前。有一天，一位顾客买了马鞍、铲子、钳子、水桶、盘子、箩筐等等一大批货物。这位顾客过几天就要结婚了，婚前购买一些生活和劳动用具是当地的一种习俗。货物整整装了满满一车,堆放在独轮车上,骡子拉起来很吃力。我的工作其实不包括送货,我出于自愿帮了那位顾客,我为自己能运送如此沉重的货物感到自豪。

"刚开始似乎一切都很顺利,但是,一不小心车轮就陷进了一个挺深的泥潭里,我们使尽全力都推不动。一位碰巧路过的心地善良的商人伸出了援助之手,用他的马拖起我的独轮车和货物,并且帮我把货物送到顾客家里。在向顾客交付货物时,我仔细清点货物的数目,一直到很晚才艰难地推着空车返回商店。虽然老板并没有因我的额外工作而称赞我,我却为自己的所作所为感到高兴。

"第二天,那位商人好心地把我叫去,告诉我说,因为他发现我工作十分努力,热情很高,尤其在我卸货时清点物品数目的细心和专注让他很感动。所以他愿意提供一个年薪500美元的职位给我。我接受了这份工作,并且从此走上了致富之路。"

因此,"我必须为老板做什么?"的想法我们不应该有,而应该多想想"我能为老板做些什么?"对于一个渴望成功的人来说,一般人认为的忠实可靠和尽职尽责完成分配的任务是远远不够的,尤其对于那些刚刚踏入社会的年轻人,更是如此。你们必须做得更多更好,才能取得成功。

秘书、会计、出纳等都是一些事务性工作,开始就业的时候可以做,但是我们难道能在这样的职位上做一辈子吗?除了做好本职工作以外,还需要做一些不同寻常的事情,以培养自己的能力,引起人们的关注。这是一个成功者需要注意的。

如果你是一个过磅员,也许可以质疑并纠正磅秤的刻度错误,使公司避免损失;如果你是一名货运管理员,也许可以在发

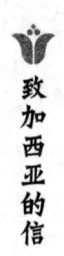

货清单上发现一个与自己的职责无关的,但却未被发现的错误;如果你是一名邮递员,除了保证信件能及时准确到达,也可以做一些超出职责范围的事情……这些属于别人的职责范围,如果你做了就等于播下了成功的种子。

人人都知道这世界有一个因果法则,想得到多少,就要付出多少。应该习惯地多付出一点,也许你的付出无法立竿见影地得到相应的回报,但是也不必气馁,回报往往是以出人意料的方式出现的。晋升和加薪是最常见的回报形式,但有时候回报也会以一种间接的方式来实现。除了老板以外,回报也可能会来自他人。

在百万富翁早期创业时,通过对他们的成功经验的研究,我们发现,而事实也反复证明的是,额外投入的回报原则是非常重要的。假若老板并不重视他们的努力和个人价值,他们通常会选择自己创业,这个时候,对他们的帮助很大的就是他们早期的努力。付出的努力如同存在银行里的钱,当你需要的时候,你可以取出来。如果你没努力就相当于没有存钱,那当然取不出来。

超越平凡，选择完美

很久以前，一位有钱人把家里的仆人叫到一起，因为他即将出门远行，要委托他们保管自己的财产。依据每个人的能力，第一个仆人得到了十两银子，第二个仆人得到了五两银子，第三个仆人得到了二两银子。

拿到十两银子的仆人把银子用于经商，非常成功地赚到了十两银子。同样，拿到五两银子的仆人也赚到了五两银子。但是拿到二两银子的仆人却把银子埋在了土里。

很长一段时间之后，他们的主人回来了。主人检查他的仆人资金情况。拿到十两银子的仆人带着另外十两银子来了。主人说："你是一个对很多事情充满自信的人，你应该接受奖赏，你做得好，我以后会让你掌管更多的事情。"

拿到五两银子的仆人带着他另外的五两银子也来了。主人说："做得好！接受奖赏吧！你将会掌管更多的事情，你是一个对很多事情充满自信的人。"

最后，拿到二两银子的仆人也来了，他对主人说："主人，我知道你想成为一个强者，收割没有撒种的土地，收获没有播种的土地。我很害怕，于是把钱埋在了地下。"

主人回答道："你既然知道我想收割没有撒种的土地，收获没有播种的土地，那么钱应该被你存到银行家那里，以便我回来时能拿到我的那份利息，然后再把它给有十两银子的人。你真是

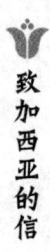

一个又缺德又懒的人。我要给那些已经拥有很多的人更多的东西,这样就会使他们变得更富有;而对于那些一无所有的人,甚至他们原有的也会被剥夺。"

这个仆人原以为自己会得到主人的赞赏,因为自己并没丢失主人给的那二两银子。在他看来,主人交代的任务自己已经完成了,因为他虽然没有使金钱增加,但也没丢失。然而他的主人希望他们能积极些、主动些,变得更杰出些。他不想让自己的仆人成为只知道俯首听命的机器。

不要满足于差不多的工作表现,如果你想要成为不可或缺的人物,就要做到最好。人类或许永远无法做到完美无缺,但是人类精神的永恒本性,就是体现在我们不断提升自己、不断增强自己的力量的时候,这样,我们对自己要求的标准会越来越高。

对于人类来说,降低对自己的要求,易于满足,也意味着平凡无奇。难道你我的最后一条路就是平庸吗?如果我们可以选择更好的话,那么我们为什么要选择平庸呢?为什么我们只能做别人正在做的事情?如果你可以在一年之外多弄出一天,那为什么不利用这第366天呢?为什么我们不可以以此超越平庸?

赢得奥林匹克竞赛金牌的永远是一个不甘于平庸的人。我厌倦平庸。只有超越已有的记录的运动员才能赢得金牌。如下这些话与我的感觉非常一致:

"不要总说别人对你的期望值比你对自己的期望值高。如果在你所做的工作中找出差错,那么你就不是完美的,你也不需要去找借口认为,这并不是你的最佳状态。千万不要一味地忽视、原谅自己的缺点。当我们可以选择完美时,却为何偏偏选择平庸呢?我讨厌人们说那是因为个性使他们要求不太高。他们可能会说：'我的个性不同于你，我并没有你那么强的上进心，那不是我的天性。'"

"超越平凡，选择完美。"这是一句我们每个人值得一生追求的格言。有无数人因为养成了虎头蛇尾、轻视工作的习惯，以及对手头工作敷衍了事的态度，最终一生处于社会底层，不能出人头地。

有句很让人感动的格言被写在某大型机构一座雄伟的建筑物上。那句格言是："这里的一切都追求尽善尽美。""追求尽善尽美"应该作为我们每个人一生的格言，如果每个人都能使用这格言，实践这一格言，决心要竭尽全力去做任何事情，务必在每件事上都求得尽善尽美的结果，那么人类的福祉不知要增进多少。

人类的历史充斥着由于敷衍、疏忽、畏难、偷懒、轻率而造成的可怕惨剧。不久前，在宾夕法尼亚的奥斯汀镇，由于筑堤工程没有照着设计去筑石基，结果堤岸溃决，无数人死于非命，全镇都被淹没。像这种因工作疏忽而引起悲剧的事实，随时都有可能发生在我们这片辽阔的土地上。无论哪里，总会有人犯敷衍、疏忽、偷懒的错误。如果每个人都能凭着良心认真尽职做事，并且不半途而废、不畏惧困难，那么非但可以减少不少的惨祸，还可以使每个人的人格与情操都有所提升。

工作是人们生活的一部分，消极、怠惰地对待工作，不但使工作的效能降低，而且还会使人失去做事的才能。养成敷衍了事、马马虎虎的恶习后，做起事来往往就会不诚实。这样，他的工作就必定会受到人们的轻视，继而波及到他的人品。以粗劣的态度对待工作就会造就粗劣的生活。所以，态度粗劣地对待工作

第二章 对待公司：敬业

实在是堕落生活、摧毁理想、阻碍前进的源泉。

在做事的时候，需要抱着非成不可的决心，抱着追求尽善尽美的态度，这是你实现成功的唯一方法。那些在这个世界上为人类创立新标准、新理想，扛着进步的大旗，为人类创造幸福的人就是具有这种素质的人。无论做什么事，如果做事的人只是以做到"尚可"就满意，或是做到半途便中止，那他绝不会成功。

有人曾经说过："轻率和疏忽所造成的祸患不相上下。"许多年轻人失败的原因，就在于他们对于自己所做的工作从来不追求尽善尽美。他们败就败在做事轻率这一点上。

大部分青年似乎不知道，职位的晋升是建立在忠实履行日常工作职责的基础上的。只有把目前的工作尽职尽责地做好，才能使他们渐渐地获得价值的提升。

许多人在寻找自我发展机会时，常常这样对自己说："这份工作有什么希望呢？我所做的是这种平凡乏味的工作，肯定没有前途。"可是往往就是在极其平凡的职业中、极其低微的位置上蕴藏着巨大的机会。只有将自己的工作做得比别人更正确、更完美、更迅速、更专注，动用自己全部的智力、才能，从旧事中找出新方法来，才能引起别人的注意，获得发挥本领的机会，满足心中的愿望。

做完一件工作以后，应该这样说："我愿意做那份工作，我已竭尽全力、尽我所能做那份工作，我更愿意听取人家对我的批评。"

成功者和失败者的区别就在于：无论成功者从事什么职业，都不会轻率疏忽。成功者无论做什么事情，都力求达到最好，从来不会放松或懈怠。而失败者对职业和事业的态度恰好相反。

你生活的质量往往会由你工作的质量决定。在工作中你应该对自己严格要求，能做到最好，绝不允许自己只做到次好；能完成百分之百，就不会只完成百分之九十九。你应该保持这种良好的工作作风，无论你的工资是高还是低。每个人都应该将自己看作是一名打磨艺术品的杰出的艺术家，而不是一个平庸的工匠。工作时永远带着热情和信心吧！你会获得成功的！

自动自发

通常情况下,与偷懒、懈怠的人相比,将会获得更多奖赏的人是那种老板不在身边却更加卖力工作的人。如果当别人注意你时,你才有好的表现,那么你永远无法获得成功。最严格的表现标准不是由别人要求的,应该是自己设定的。如果你对自己的期望比老板对你的期望更高,那么你就无须担心失去工作了。同样,假如你能达到自己设定的最高标准,那么升迁、晋级也将指日可待。

成功是一种努力的累积,不论何种行业,想攀上成功的巅峰,通常都需要精心的规划、漫长的努力。我们经常会发现,那些被认为是一夜成名的人,其实在功成名就之前,就已默默无闻地努力了很长一段时间。

你必须永远保持积极主动的精神,这样才能够攀登上成功之梯的最高层。拥有这样的精神,纵使面对缺乏挑战或毫无乐趣的工作,你也终能获得回报。当你养成这种自动自发的习惯时,你就有可能成为老板或领导者。因为那些位高权重的人通常总是以行动证明了自己勇于承担责任,值得信赖。

没有人能帮助你成功,也没有人能阻挠你达到自己的目标。自动自发地做事,同时为自己所做的事承担责任,这就是那些成就大业之人和凡事得过且过的人之间最根本的区别,也是成功者的必修课。

和大多数人一样,在十几岁时和大学期间,我做过许多工作。我挨家挨户卖过词典,也修理过自行车(后来被解雇了)。有一年,为一个选美比赛,我整整一个夏天都在收集那些订出去而未收上来的票,那是一些中年人在推销者甜言蜜语的劝说下订下的,但是他们根本无意去观看。我还做过书店收银员、数学家庭教师、出纳、夏令营童子军顾问。为了读完大学,我还替别人打扫过院子,整理过房间和船舱。

这些工作大部分都很简单,我曾一度认为它们都是下贱而廉价的工作。后来,我才知道自己错了。我所获得的珍贵的教诲和经验都是这些工作潜移默化地给予的,无论在哪种工作档次,也不管什么样的工作环境中,我都学会了不少东西。

拿在商店的工作来说吧,我自认为自己是一个好雇员,做了自己应该做的事,即记录顾客的购物款。然而有一天,当我正在和一个同事闲聊时,经理走了进来,他环顾四周,然后示意我跟着他。一句话也没有说,他就开始动手整理那些订出去的商品,然后他走到食品区,开始清理柜台,将购物车清空。

我吃惊地看着这一切,过了很久才清醒过来。他希望我和他一起做这些事!我惊诧万分的原因,不是因为这是一项新任务,而是它意味着我要一直这样做下去。可是,之前没有人告诉我要做这些事——其实现在也没有说过。

在此事上我受益匪浅。它不仅让我成为一名更优秀的雇员,还让我从今后的每一项工作中学到了更多的教益。这个教益就是我应该对自己的工作认真负责,我要对自己有更高的要求,不仅仅做别人安排我做的事情。一旦获得了这个教益,以前我认为低下的工作开始变得有趣起来。我越是专注于自己的工作,就越容易克服困难，学到的东西也就越多。后来我离开那家商店去上大学，但是在商店工作所积累的经验对我的人生和事业的影响是深远的。从那时起，我开始从一个旁观者变成一个认真负责的人。

今天，我已成为一名管理者，但是我依然发现那些需要做的事情，即使并不是我分内的事。在各种各样的工作中，我都能发现超越他人的机会，而这不仅让我在雇主面前显得与众不同，也让我赢得更多的尊重。

积极主动，在每一项工作中，每一位雇员都要相信和倾听这一点，你可以使自己的生活好转起来，不必等到遥远的未来的某一天，就从现在的工作开始，就从今天开始，不用等到你找到理想的工作再去行动。

主动的内涵，指的是随时准备抓住机会，展现超乎他人要求的工作热情以及拥有"为了完成任务，必要时不惜打破成规"的智慧和判断力。一个优秀的管理者应该努力培养员工的自尊心，培养员工的主动性。影响工作时的表现的关键因素往往就是自尊心的高低。那些工作自尊低的员工，避免犯错、墨守成规，凡事只求遵守公司规则，老板没让做的事决不插手；而工作要求高的员工，则勇于负责，有独立思考能力，必要时会发挥想象力，圆满完成任务。

第三章

对待老板：忠诚

老板定律：第一条，老板永远是对的；第二条，当老板不对时，请参照第一条。

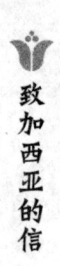

老板和员工并不对立

在这样一个竞争激烈的时代，谋求个人利益、要求实现自我是理所应当的。但是，遗憾的是，很多人没有意识到忠诚、敬业与个性解放、自我实现并不是对立的，而是相辅相成、缺一不可的。

以玩世不恭的态度对待工作的许多年轻人频繁跳槽，他们觉得自己工作是在出卖劳动力；他们蔑视敬业精神，嘲讽忠诚，将工作视为老板盘剥、愚弄下属的手段。他们认为自己不过是迫于生计的需要才去工作。

我曾经为了一日三餐而替人工作，也曾当过老板，我知道其间的种种甘苦。贫穷是不好的，贫苦是不值得赞美的，但并非所有的老板都是专横而贪婪的人，就像并非所有的人都是善良的人一样。

对于老板而言，需要职员的敬业和服从，公司才能获得生存和发展；对于员工来说，他们需要的是丰厚的物质报酬和精神上的成就感。从表面上看，彼此之间的对立始终存在着，但是，在更高的层面上看，两者又是和谐统一的。员工必须依赖公司的业务平台才能发挥自己的才能，公司需要忠于职守和有能力的员工才能开展业务。

为了自己的利益，每个员工都应该意识到自己与公司的利益是一致的，并且全力以赴地工作。同样，为了自己的利益，每个老板都只会保留那些最好的职员——那些能够把信带给加西亚的人。只有那些尽其所能为公司创造利益的员工才能获得老板的信任，被委以重任。

在招聘员工时，除了能力以外，个人品行也是许多公司最重要的评估标准。没有品行的人不能用，也不值得栽培，因为他们根本无法"将信带给加西亚"。因此，我告诫大家：如果你为一个人工作，那就忠诚地、负责地为他干；如果他支付给你薪酬，让你得以温饱，那就、称赞他，感激他，支持他的立场，和他所代表的机构站在一起。

也许你的老板无法理解你的真诚，不珍惜你的忠心，在许多方面，他甚至是一个心胸狭隘的人，即便这样也不要因此产生抵触情绪，把自己与老板对立起来。

不要对老板的评价太在意，他们也是有缺点的普通人，也可能因为太主观而无法对你做出客观的判断。这个时候你应该学会自我肯定。只要你做到问心无愧，竭尽所能，你的能力一定会提高，你的经验一定会丰富起来，你的视野一定会变得更加开阔。

"老板是靠不住的！"这种说法也许并非没有道理，但是，这并不意味着从本质上老板和员工就是对立的。要保持稳定的情感需要依靠理智才行。老板和员工关系需要建立在一种制度上，才能和谐统一。想摧毁一个组织的士气，最好的方式就是制造"只有玩手段才能获得晋升"的工作氛围。在一个企业中如果管理制度健全，那么，所有升迁都应该是凭借个人努力得来的。管理完善的公司升迁渠道非常通畅，有实力的人都能通过而公平竞争升职，只有这样，员工才会觉得自己是公司的主人，才会觉得自己与公司完全是一体的。

因此,员工和老板是否对立,既取决于员工的心态,也取决于老板的做法。聪明的老板会给员工公平的待遇,而员工也会以自己的忠诚来予以回报。

给予老板同情和理解

我曾经为他人工作，现在则为自己工作。以前总是认为老板太苛刻，现在则觉得员工太缺乏主动性，太懒惰。其实，什么都没有改变，改变的只是看待问题的方式。

待人如己是成功守则中最伟大的一条定律。这条定律的具体表现即凡事为他人着想，站在他人的立场上思考。当你是一名雇员时，应该给老板多一些同情和理解，多考虑老板的难处；当自己成为一名老板时，则需要给员工一些支持和鼓励，多考虑雇员的利益。

这不仅仅是一种道德法则，还是一种巨大的推动力，能够改善整个工作环境。当你试着多替老板着想，待人如己时，你身上就会散发出一种善意，这种善意会影响和感染包括老板在内的周围的人。最终这种善意会回馈到你自己身上，如果今天老板给予你一份同情和理解，很可能这就是以前你在与人相处时遵守这条黄金定律所产生的连锁反应。

为什么人们能够轻而易举地原谅一个陌生人的过失，却对自己的老板和上司耿耿于怀呢？最简单的解释就是：因为彼此之间有长期的利益冲突。一旦雇员的利益与老板的利益发生冲突，所有的同情和理解都会消失。

经营管理一家公司是件复杂的事情，来自客户、来自公司内部巨大的压力，随时随地都会影响老板的情绪。老板也会随时面

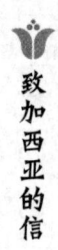

临种种烦琐的问题。要知道老板也是普通人,有自己的喜怒哀乐,有自己的缺陷。他之所以成为老板,并不是因为他完美,而是因为他有某种他人所不具备的天赋和才能。因此,对待老板我们也需要用对待普通人的态度,不仅如此,我们更应该给予那些努力去经营一个大企业的人以同情,因为他们不会因下班的铃声而放下工作。

许多年轻人觉得老板不公平,将自己不能获得提升的原因归咎于老板,认为老板嫉贤妒能、任人唯亲、不喜欢比自己聪明的员工,甚至认为老板会阻碍有抱负的人获得成功。事实上,对于大多数老板而言,再也没有什么比缺乏合适的人才更让他苦恼和忧心的了。

年轻人为什么产生这样的想法?因为他们以己度人,但是这个"己"是一个自私的、狭隘的人,也就是所谓"以小人之心,度君子之腹"。事实上,老板一直在考察着员工的用心程度。从每一个员工第一天上班开始,他已经开始仔细衡量和分析他的习惯、能力、品格、人际关系、性情等等,如果他认为这个年轻人没有前途,那肯定是因为这个年轻人缺少必要的能力,有一些不好的习惯和言行举止(包括认为老板无知),他才会得出这样的结论。毕竟公司是自己费尽心思经营发展起来的,在大多数情况下,他不会因为自己的个人偏见而毁了整个事业。

因此,做员工的应该给予老板更多的同情和理解,多反思自己的缺陷,这样或许能重新赢得老板的欣赏和器重。

也许老板并不是一个领情的人,但我们依然要换角度多为老板着想,因为同情和宽容是一种美德。退一步来说,如果我们能养成这样思考问题的习惯，我们起码能够做到内心宽慰。即使这样的美德在一个老板那里没有作用，但并不意味着在所有老板那里都没有效果。

第三章　对待老板：忠诚

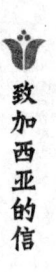

心存感恩之情

在谈到自己的成功经历时,许多成功人士往往过分强调个人的努力因素。事实上,每个登上成功的巅峰的人,都曾得到过别人的许多帮助。

当你订出成功目标,并且付诸行动之后,你就会发现自己会获得许多意料之外的帮助。这些帮助你的人你必须铭记他们,并且应该时刻感谢他们,感谢上天对你的眷顾。

生而为人,要感谢父母的养育,感谢师长的教导,感谢国家的栽培,感谢大众的宽容;没有父母养育,没有师长教诲,没有国家爱护,没有大众助益,我们根本无法存活在这个世上。所以,感恩不但是美德,也是人之所以为人的基本品质。

现在的年轻人自从出生开始便受到父母的细心呵护,受师长的谆谆教导。他们对世界还没有一丝贡献,却抱怨不已,牢骚满怀,看这不对,看那不好,视恩情如草芥,只知接受恩惠,不知道回馈,由此可见其内心的贫乏。

一些中年人虽然得到了国家的栽培、老板的提携,他们却认为自己根本没有发挥才能。即使他们对社会没有贡献,却也不满现实,有诸多委屈,好像别人都对不起他,并因此愤愤不平。因此,这种人,在社会上,不会成为称职的员工;在家庭里,也难以成为善良的家长。

乌鸦反哺,羔羊跪乳,动物尚且感恩,何况作为万物之灵唯一会思考的人类呢！从家庭到学校，从学校到社会，最重要的是要有感恩之心。我们教导学生，从小就要他知道所谓"一粥一饭，当思来之不易；一丝一缕，应知物力维艰"的道理，目的就是要他懂得感恩。

感恩已经成为一种普遍的社会道德。然而，人们可以为一个陌路人的点滴帮助而感激不尽，却无视朝夕相处的老板的种种恩惠，将一切视作理所当然，视之为纯粹的商业交换关系。这是许多公司老板和员工之间矛盾紧张的原因之一。

的确，雇用和被雇用是一种契约关系，但是在这种契约关系背后，难道就没有一点同情和感恩的成分吗？老板和员工之间并不是对立的，从情感的角度，也许有一份亲情和友谊；从商业的角度，也许是一种合作共赢的关系。

你是否曾经想过，写一张字条给上司，告诉他，你是多么感谢从工作中获得的机会，你是多么热爱自己的工作？这种感谢方式不仅别具一格，还一定会让他注意到你，甚至可能因此提拔你。感恩具有感染性，老板也同样会以具体的方式来表达他的谢意，感谢你所提供的服务。

不要忘了感谢你身边的人，即你的老板和同事，因为他们了解你，并一直支持你。一定要大声说出你的感谢，你对他们的感谢一定要让他们知道。请注意，一定要说出来，并且要经常说！这样可以增强公司的凝聚力。

感谢是永远都需要的。当推销员被拒绝时，应该感谢顾客耐心听完自己的解说。这样才有下一次惠顾的机会！当老板批评你时，应该感谢他所给予的教诲。

感恩不花一分钱，却是一项重大的投资，对于未来极其

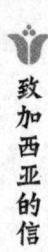

有益！

　　真正的感恩是发自内心的感激，应该是真诚的，而不是为了某种目的，为了迎合他人而表现出的虚情假意。与溜须拍马不同，自然的情感流露才是感恩，感恩是不求回报的。一些人由于惧怕流言蜚语，而将感激之情隐藏在心中，尽管他们从内心深处感激自己的老板，但是由于害怕流言，他们常常刻意地疏离老板，以示清白。这种想法真是太幼稚了。如果我们能从内心深处意识到，正是因为老板的苦心经营，公司才有今天的发展，正是因为老板的种种教诲，我们才会有进步，这样，我们又何必去担心他人的流言蜚语呢？

　　感恩并不仅仅有利于公司和老板。感恩也是一种习惯和态度，像其他受人欢迎的特质一样。

　　感恩对于个人来说是一种财富。它是一种深刻的内在感受，能够增强个人的魅力，能帮助你开启神奇的力量之门，发掘出无穷的智能。

　　如果时常怀有感恩的心情，你会变得更可敬、谦和、高尚。因为感恩和慈悲是近亲。我们应当每天都用几分钟时间，为自己能遇到这样一位老板而感恩，为自己能有幸成为公司的一员而感恩。

　　"谢谢你"，"我很感激你"，这些话应该经常挂在嘴边。以这种特别的方式表达你的感谢之意，为公司为老板更加努力地工作，付出你的时间和才能，这往往比物质的礼物更可贵。

　　当你准备辞职换一份工作，当你的努力和感恩并没有获得相应的回报的时候，同样也要心存感激之情。每一份工作、每一个老板都不是尽善尽美的。在辞职前应当仔细想一想，这样，你就会发现，其实自己曾经从事过的每一份工作，都存在着许多宝贵的经验与资源。

自我成长的喜悦、失败的沮丧、温馨的工作伙伴、严厉的老板、值得感谢的客户……这些都是人生中值得学习的经验。如果要想使工作时的心情自然愉快而积极，那么你应该每天都带着一颗感恩的心去工作。

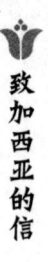

欣赏和赞美自己的老板

你所欣赏的人格特质任何人身上都可能拥有。玛格丽特·亨格佛曾经说过："美存在于观看者的眼中。"此话的内在含义正是我们平常所说的"我们在别人身上看到我们所希望看到的东西"。每个人都是融合了好与坏的感情、情绪和思想的相当复杂的综合体。你对他人的想象，往往源于自己对他人的期望。

如果你相信他人是优秀的，你就会在他身上找到好的品质；如果你本身的心态是积极的，别人积极的一面你就容易发现；如果你不是这样想，就无法发现他人身上潜在的优点。别忘了培养欣赏和赞美他人的习惯，当你不断提高自己的同时，也应该认识和发掘他人身上优秀的特质。看到他人的缺点是一件很容易的事情，但是只有当你能够从他人身上看出优秀的品质，并且由衷地欣赏他们的成就时，你才能真正赢得赞赏和友谊。

这个道理对我们的老板同样适用。然而，正因为他是老板，做到这一点就更不容易。作为公司的管理者，他对我们的许多做法自然会经常提出批评，也会经常否定掉我们的许多想法。这些都会影响我们对老板做出客观的评价。可是，要知道，他能成为我们的老板，一定有许多我们所不具备的特质，这些特质使他超越了你。

这个世界没有完美的人，只要是人就有缺陷，嫉妒心大多数人都有。无法勇敢地面对那些比我们优秀的人，就是阻挡大多数人迈向成功的绊脚石。成功人士告诉我们，帮助他人出人头地是提升自我的最佳方法。如果我们能衷心地欣赏、赞美自己的上司和老板，当他们得到升迁，当公司得到成长时，他们一定会对你有所回报，因为你的善行鼓舞了他们这样做。你对他人发自内心的欣赏和赞美可能会带给你许多意想不到的机会，因为你在他们最需要的时候给予了他们精神上的支持。在你努力地帮助他人之后，人们一定会回报你。

也许你的老板并不比你更有才能、更聪明，但只要是你的老板，你就必须听从他的命令，并且努力去发现那些比你更优秀的地方，欣赏他、尊敬他、向他学习。假若我们都抱着这样的心态，即使彼此之间有许多误解，有种种隔阂，也会慢慢消解的。

在职时要赞美欣赏自己的老板，离职后，同样也要说过去老板的好话。一位曾经聘用过数以百计员工的管理者，曾对我谈起他招聘员工的心得："面谈时他对刚刚离开的那份工作说些什么，最能体现出一个人心胸是否宽广，思想是否成熟。如果前来应征的人，只是一味说过去老板的坏话，对他恶意中伤，我是无论如何也不会考虑这种人的。"

也许一些人的确是因为无法忍受老板的压迫而离职的，但是聪明的做法应该是不要计较，不要耿耿于怀于自己所遭受的不公正待遇，更不要去谈论那些不愉快的旧事。

许多求职者想提高自己的身价，认为这可以通过指责原来的公司和老板做到，于是信口开河，说三道四，这种做法看似聪明，实则愚蠢，其中道理不难理解。每个老板都希望能雇佣那些对公司忠诚的员工，所有公司都希望员工保持对公司的忠诚，而会将那些过河拆桥的人拒之门外。如果把原来的雇主说得一无是

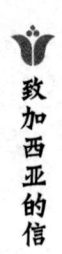

处，仅仅是为了今天谋取一份工作，那谁能保证明天他不会将现在的公司批驳得同样体无完肤呢？

对以前就职的公司和老板作一些无伤大雅的评价未尝不可，但如果将明显的个人色彩也掺入这种评价中，就会变成一种不负责任的人身攻击，就会引起现在老板的反感。此外，在招聘一些重要职位时，许多公司和机构通常会通过各种手段、渠道来了解应聘者在原公司的表现。世上没有不透风的墙，当原单位听到你对他们的攻击时，别人对你的评价就可想而知了。

这种"说以前老板好话"的原则，在生活的其他方面也同样适用。我认识一位朋友，打算与一位离婚妇女结婚，一切都已经安排就绪，可忽然间，所有的计划都改变了。朋友这样解释道："她总是一再谈论前夫的各种丑事。说他对她怎么不公平，如何胡说八道，如何不务正业、好逸恶劳等等，真把我吓坏了。我想，应该没有一个坏到如此程度的人吧。如果我和她结婚了，以后不也将成为她批评的对象了吗？我思前想后，于是决定取消婚事。"

我认识一位年过四十的人，他在最近的一次公司改组中失去了工作。

自从公司把他解聘之后，他逢人就诉说自己所遭受的不公待遇。他让人觉得整个公司上下一切都依靠他，而最后人们恶毒地把他扳倒了。他诉苦时的表现非但没有引起我同情，反而使我越来越相信，他被解聘是咎由自取。他是一个十足的专讲"过去时态语句"的人，而且只会说些恐怖、不幸、消极的事。如今，他依然没找到工作。如果这一点没有彻底地改变，对他而言，再就业的时间会非常漫长。

学习你的老板

一个好上司会让你受益无穷。

我曾经有过一个好上司，他教给我经商的道德，也告诉我做生意的技巧，我对他十分感激。后来我升职了，担任了更重要的职务。然而，随着老板对我的器重，其他人开始嫉妒，他们开始用流言蜚语攻击我，说我是老板的跟屁虫，因为处处模仿老板才得以提升的。这给我带来一种身负重担的感觉。

但是，冷静下来反复仔细思考，这又有什么可担忧的呢？每个人从模仿中学习比从其他方式所学到的知识要多得多。大部分人会注意观察、倾听，然后模仿他人的言行举止。你说话、走路的样子，你的动作、姿态、表情可以说大部分是"抄袭"自你最亲近的人。同样，从那些对你有影响的人——父亲、老师、老板那里，你学会了心理、处世哲学。不是因为他是老板我才向他学习，而是因为他优秀。我为自己能遇到这样一位老板而庆幸。

四年前，大学毕业的就业问题困扰着我的两位学生，他们分别来找我咨询。他们读书时成绩都十分优秀，也都是很聪明的年轻人，兴趣和爱好很相同，对于他们来说，有许多工作机会可供选择。当时，我的一位朋友创办了一家小型公司，正委托我物色一个适当的人做助理，于是我建议这两个年轻人去试试看。

他们俩分别去应征，第一位前去拜访的名叫吉米，面谈结束后他打电话给我，用一种厌恶的口气对我说："你的那个朋友我已经拒绝了。他实在太苛刻了，他居然只愿意支付400美元月薪，现在，我已经在另一家公司上班了，月薪600美元。"

后去的学生名叫唐克，尽管开出的薪水也是400元，但是他却欣然接受了这份工作，尽管他同样有赚更多钱的机会。当他把这个决定告诉我时，我问他："你不觉得太吃亏了吗？他所提供的薪水是如此低。"

他说："我对你朋友的印象十分深刻，我当然想赚更多的钱，但是我觉得只要能从他那里多学到一些本事，薪水低一些也没有关系。从长远的眼光来看，我在那里工作将会更有前途。"

那是四年前的事情了。

第一位学生当时的薪水是每年7200美元，到现在前他也只能赚到8750美元，而最初每年薪水只有4800美元的唐克，现在每年的固定薪酬是20000美元，外加红利。

这两个人到底有什么差别呢？最初的赚钱机会把吉米蒙蔽了，而唐克却能基于是否能学到东西的观点来考虑自己的工作选择。这就是他们间的不同之处。

我经常感到惊异，因为大多数人选择工作时是如此盲目。许多年轻人在选择工作时都会问"福利有哪些"、"有多少月薪"、"工作时间长吗"、"有多少假期"以及"什么时候调薪"等等一系列问题。

"我要选哪些人成为我工作的导师？"90%以上的人在选择工作时都忽略了这一重要的问题。

如果你是一位高中足球队队员，毕业后想继续效力职业足球队，你选择大学的最重要因素一定是"哪位足球教练能教给你的技能最多，最原意全力培养你"。

如果你发现自己的老板无法帮助你达到预期的计划，无法教你更多的本领，那么你就应该毅然决然地离开。无论你想要成为一个成功的演员，还是成为一位伟大的音乐家，都要遵循这个原则。人无权选择自己的父母，但是有权选择自己的老板。

如果长久地生活在低俗的圈子里，这种低俗无论是道德上的低俗，还是品位上的低俗，都不可避免地让人走下坡路。那些道德高尚和学识不凡的人我们应该努力地去接触。与什么样的人交往，对个人的成长影响颇大。

每个人都会有自己崇拜的对象。我们往往忽略了近在身边的智者，反而愿意崇拜和模仿那些离我们遥远的伟人，这一点在工作中体现得尤其充分。也许是出于嫉妒也许是由于利益的冲突，那些每天都在督促我们工作的老板和上司却往往被我们忽视了，其实他们就是我们身边那些最值得学习的人。他们必然有我们所不具备的优势，才能成为管理我们的"牧羊人"，聪明人应该时刻研究他们的言语、行为，了解作为一名管理者所应该具备的知识和经验。只有这样，我们才有可能获得进步，才有可能在自己独立创业时做得更好。传统社会中人们对这一点认识得非常清楚，弟子长时间跟随着师父，学生借着协助教授做研究而提高，学徒耐心地向工匠学习，刚刚入门的艺人花费时间和卓有成就的艺术家相处，这些都是借着协助与模仿，从而观察成功者的做事方式的例子。在现代社会，这种学徒关系被大工业化生产破坏了，相应地，这种大工业化生产也破坏了雇员与老板之间的学习关系，由此，雇员与老板之间逐渐变成了矛盾对立的利益体。在一些错误观点的蒙蔽下，许多人甚至因此失去了学习能力。

为了能多向他们学习，应不惜代价为杰出的成功人士工作，

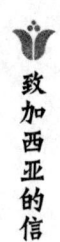

寻找种种理由和他们共处，这样做的目的就是为了注意留心他们的一举一动、一言一行，观察他们处理事情的方法。通过这种观察，你就会发现，他们能获得成功，必然是因为他们身上有着与普通人的不同之处。假如你能做得与他们一样好，甚至可以做得更好，你就有机会获得提升。

有钱人并不一定是优秀的人，真正优秀的是那些在学问、人格、品行、道德方面都胜人一筹的人。与他们多交往，有助于你吸收各种对自己生命有益的养分，可以鼓励你追求高尚的事物，提高自己的理想，使你对事业付出更大的努力。

心灵与心灵之间，头脑与头脑之间，有着一种巨大的感应力量，这种感应力量，虽无法测量，然而其破坏力、刺激力和建设力都是无比巨大的。如果你经常和一些各方面都很普通的人待在一起，并且那些人无论是品行还是能力都在你之下，那么你的志愿和理想一定会降低。

一种巨大的不幸就是错过了同一个能够给我们以教益的人交往的机会。想要磨砺掉生命中粗糙的部分，想要琢磨成器，只有通过与优秀的人交往才可能做到。

向一个能够激发我们生命潜能的人学习，其价值远胜于一次发财获利的机会，这种学习将使我们的力量倍增。

除了自己的家人之外，我们平时接触得最多的人就是老板，他也是我们每天都要面对的比自己优秀的人。所以，千万不要错过向老板学习的机会。

以老板的心态对待公司

在通常的社会环境中绝大多数人都必须以一种积极的态度扮演自己的角色。只要你仍然是某一企业机构中的一员，就应当抛开任何借口，投入自己的忠诚和责任。一损俱损，一荣俱荣！处处为公司着想，全身心地彻底融入公司，竭尽全力，理解管理者的压力，对投资人承担风险的勇气报以钦佩，如果你能做到这些，那么任何一个老板都会视你为公司的支柱。

有人曾说过，一个人永远都需要同时从事两件工作：一件是真正想做的工作，另一件则是目前所从事的工作。如果你能将目前从事的工作和想做的工作同样认真负责地对待，那么你一定会成功，因为你正在学习一些足以超越目前职位，甚至成为老板或老板的老板的技巧。你在为未来做准备，在你不断学习的过程中，你已经尽可能地完善了自己，当时机成熟时，你已经准备就绪。

千万别因一时的成就而陶醉，当你熟练掌握了某一项技能，你应该赶快想一想未来，想一想有没有改进现在所做的事的余地。这些都会让你在未来取得更长足的进步。尽管有些问题属于老板思考的范畴，但是如果你考虑了，说明你正朝老板的位置迈进。

如果你是老板，你会对今天所做的工作完全满意吗？别人对你的看法也许并不重要，或许只有你对自己的看法才是真正重要

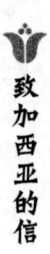

的。回顾一天的工作,扪心自问一下:"我是否付出了全部精力和智慧?"你的回答会是怎样的呢?

如果你是老板,一定会希望员工能和自己一样,将公司当成自己的事业,更加勤奋,更加努力,更积极主动。因此,当你的老板向你提出这样的要求时,请不要拒绝他。

当你以老板的心态对待公司时,你就会成为一个值得信赖的人,一个可能成为老板得力助手的人,一个老板乐于雇用的人。更重要的是,你能睡得心安理得,因为你已全力以赴,问心无愧,并达到了自己一开始所设定的目标。

一个人如果将企业视为己有,并且尽职尽责地完成工作,那么他终将会拥有自己的事业。许多管理制度健全的公司,为了使员工成为公司的股东,正在不断地创造机会。因为人们发现,当员工成为企业所有者时,他们表现得更具创造力,更加忠诚,也会更加努力工作。有一条永远不变的真理:当你像老板一样思考时,你就成为了一名老板。

为公司节省开销,以老板的心态对待公司,公司也会按比例给你报酬。奖励可能不是今天、下星期甚至明年就会兑现,但它一定会有,只不过表现的方式不同而已。当你养成习惯,对待公司的资产就像自己的资产一样倍加爱护,你的行为,你的老板和同事都会看在眼里。正是在这样一种前提之下,美国自由企业体制得以建立起来,因为在这种情况下,每一个人的收获与劳动是成正比的。

然而在今天这种狂热而高度竞争的经济环境下,你可能感慨自己的付出与获得的报酬相比,并不成比例。下一次,当你感到工作过度却得不到理想的报酬、没有获得上司赏识时,记得提醒自己：你的产品就是你自己，你是在自己的公司里为自己做事。

假设你是老板，试想一想你自己是你所喜欢雇用的员工吗？当你正思考着如何避免一份讨厌的差事或者你正考虑一项让人感到困难的决策时试着反问自己：假如这是我自己的公司，我会怎么处理？当你所采取的行动与你身为员工时所做的完全相同的话，这说明你已经具有处理更重要事物的能力了，在这种情况下你可能很快就会成为老板。

轻视公司就是轻视你自己

在遭受不公正待遇与挫折时，人通常会采取消极抵抗的态度。由于希望获得别人的注意与同情而做出反常举动，因为不满而通常牢骚满腹。这虽然是一种正常的心理防卫行为，却是许多老板心中的痛。大多数老板认为，牢骚和抱怨不仅惹是生非，而且打击团队士气，造成组织内彼此猜疑。

因此，当你牢骚满腹时，不妨看一看老板定律：第一条，老板永远是对的；第二条，当老板不对时，请参照第一条。

我曾遇见一个年轻人，他在公司长期得不到提升，但并不是因为他没有能力，相反他受过良好教育、才华横溢。他缺乏独立创业的勇气，也不愿意自我反省，还养成了一种吹毛求疵、嘲弄、抱怨和批评的恶习；任何事他都无法独立自发地去做，工作也只有在被迫和监督的情况下才能开展。在他看来，老板剥削员工的手段是利用员工们的敬业，而忠诚则是管理者愚弄下属的工具。在精神上他与公司格格不入，这使他无法真正从那里受益。

我对他的劝告是：有所付出才有所获。如果决定继续在原公司工作，就应该由衷地给予公司老板同情和忠诚，并引以为豪。如果你对于你的老板和公司无法做到不去中伤、非难和轻视，就放弃这个职位，从旁观者的角度，认真审视自己的心灵。只要你依然是某一机构的一部分，就不要诽谤它，不要中伤它。轻视自己所就职的机构就等于轻视你自己。

受到批评、中伤和误解在工作中是难免的事情，无论谁做事情肯定都会有这样的遭遇。从某种意义上说，对那些伟大杰出的人物来说，批评是一种考验。

无须刻意地去证明杰出，能够容忍谩骂而不去报复他人就是证明自己杰出的最有力证据。林肯做到了，他知道每一个生命都必定有其存在的理由。他让那些轻视他的人意识到：自己种下分歧的种子，必会自食其果。

不久前，我曾遇到一名耶鲁大学的学生。我敢说他根本不能代表真正的耶鲁精神，因为他对学校总是批评和抱怨。出现这种情况，哈德利校长当然难脱其咎。有人提供给了我一些事实和数据，有时间有地点，足以对他做出严厉的批评。但是很快我就发现问题是出在那个年轻人身上，而并不是出于耶鲁。这个年轻人根本无法真正从耶鲁获得教益，因为在精神上他与学校是如此的不和谐。耶鲁虽然并不是一所完美的大学（关于这一点哈德利校长和其他耶鲁人也不会否认），但是耶鲁已经提供了很多优越的学习条件，至于能否充分利用这些便利条件则完全取决于学生本人。

如果你是一名大学生，应该衷心地给予学校同情和忠诚，并且引以为荣。应该充分利用好学校的资源，与老师站在一起。有所付出才有所获。老师们尽职尽责给学生以教导。如果学校还存在着许多有缺陷的地方，那么每天努力愉快地去学习，就会使它变得更好。

同样，当你所任职的那间公司陷入困境，而老板是一个守财奴的话，你最好走到老板面前，自信地、心平气和地对他说："你是太吝啬了。"你应当指出他的方法是荒谬的、不合理的，然后告诉他应该怎样改革，你甚至可以自告奋勇，去帮助公司清除那些不为人知的弊端。

尝试着这样去做！但如果出于某种原因，你无法做到，那么请做出以下选择：坚持还是放弃。你只能两者选其一。想好后，现在就开始选择吧！要知道，当你慢慢松开自己和公司的联系时，一股强风就会随之而来，很可能连你自己都不知道什么原因，你就已经被连根拔起，卷进暴风雨中。

无论在哪里你都能发现许多失业者，与他们交谈时，你会发现他们充满了痛苦、抱怨和诽谤。吹毛求疵的性格使他们摇摆不定，这就是问题所在，同样的性格也使他们发展的道路越走越封闭。他们变得没有用，与公司格格不入，只好被迫离开。

能够助雇主一臂之力的人，这样的人每个雇主总是不断地在寻找。他也在考察那些不起作用的人，准备随时拿掉那些成为发展障碍的人。

如果你对他们说公司的制度不健全，这其实正体现出你的不称职。当你对其他雇员说自己的老板是个吝啬鬼时，那么恰恰表明你也一样。

那些只顾着毁谤他人，把大部分时间花在这上面的人是不会获得成功的。人的精力、时间和金钱都是有限的，你必须谨慎地选择开销的方式。如果你决定为了提高自己而去贬抑别人，你会发现自己将大部分时间和精力都花费在辨别是非上，而自己可用的已经所剩无几。你会很轻易地就丧失他人对你的信任，当人们发现你爱散布恶意伤人的内幕时尤其如此。有句话说得好："向我们论人是非的人也会与人议论我们的是非！"

吹毛求疵、抱怨都于事无补

也许困扰着你的贫困的生活就像枷锁一样，也许你没有亲戚朋友，无依无靠地生活在异乡他国。你被身上沉重的负担压得喘不过气，急切地希望把它减轻一些，然而却仿佛陷入黑暗的深渊之中，——负担是如此沉重。于是，你不停地抱怨，抱怨自己的父母、自己的老板，感慨命运对自己的不公，埋怨上苍为何如此不公，让你遭受贫困，却赐予他人富足和安逸。

让烦躁的心情平静下来吧！停止你的抱怨吧！导致你贫困的原因并不是你所埋怨的那些情况，你自身才是最根本的原因。你抱怨的行为本身，正说明你倒霉的处境是自食其果。

喜欢抱怨的人是没有立足之地的，心灵的杀手是烦恼与忧愁。缺少良好的心态，如同收紧了身上的锁链，会将自己紧紧束缚在黑暗之中。如果你脾气糟糕、心态消极，那你永远不可能获得奖励和提升。若是你仔细观察任何一个管理健全的机构，你会发现，那些乐于助人、积极进取、能适时给他人鼓励和赞美的人往往是最成功的人。身居高位之人，会鼓励他人像自己一样快乐和热情。只是，他们的良苦用心有一些人无法体会，他们继续将诉苦和抱怨视为理所当然。

有一句古老的格言是这样的："如果说不出别人的好话，不如什么都别说。"在当今社会，几乎所有机构，无论其规模大小，永远充塞着吹毛求疵、流言蜚语和抱怨。因而这句格言在现代社会更显珍贵。

"好话不出门,坏话传千里。"在我们面前议论他人是非的人,将来也一定会在他人面前非议我们。一来一往容易滋生是非,影响公司的凝聚力。实际上,与其对公司和老板不满,抱怨长、抱怨短,不如努力地欣赏彼此之间的可取之处。这样一来,你会发现自己的处境状况会大有改善。

那些喜欢大声抱怨自己缺乏机会的人,往往是在为自己的失败找借口。如果你本人都不知道自己要什么,就别抱怨老板不给你机会。成功者能为自己的行为和目标负责,他们不善于也不需要编造借口,因为他们能够努力争取,最后享受自己努力的成果。

在克服困难的过程中,人往往会产生勇气,培养出坚毅和高尚的品格。常常抱怨的人,终其一生都不会有真正的成就。

或许你心中梦想着宽大而明亮的殿堂,但此刻正住在一间简陋的破屋里,那么,你首先应该做的是先努力把这间小屋变成一个干净整洁的天堂,让你的精神充满这间小屋。

不妨想一想,你喜欢哪一种工作伙伴呢?是那些乐于助人、有活力、值得信赖的人呢,还是那些总在抱怨的人?

抱怨是无济于事的,只有通过努力才能改善处境。

一盎司忠诚相当于一磅智慧

如果说，智慧和勤奋像金子一样珍贵的话，那么还有一种东西甚至比前两者更为珍贵，那就是忠诚。

对公司忠诚，从某种意义上讲，就是以不同的方式为一种事业做出贡献，而且也是对自己的事业的忠诚，忠诚体现在责任心强、工作积极主动、细心周到地体察老板和上司的意图上。忠诚还有一个最重要的特征：就是不以此作为要求回报的筹码。

下级对上级的忠诚可以增强老板的自信心和成就感，可以增强团队的协作能力和核心竞争力，使公司日益兴旺。一个忠诚的人十分难得，更难求的是一个既有能力又忠诚的人。

一个人只要他忠诚，无论能力大小，老板都会给予重用，这样的人无论走到哪里，成功的大门都会向他们敞开。因此，许多老板在用人时，不但考察其能力，更看重个人品质，而品质中最关键的就是忠诚度。相反，如果缺乏忠诚，即使能力再强，也终将被人拒之门外。毕竟，在事业中，需要用行动来落实的小事甚多，需要用智慧来做出决策的大事很少。完成一项事业，少数人需要智慧加勤奋，而多数人却要靠忠诚和勤奋。

当今社会，忠诚已经变得越来越稀缺了。许多公司为了培训员工，花费了大量资源，然而当员工们积累了一定的工作经验后，往往一走了之，有些甚至不辞而别。那些留在公司的员工则将所有责任全部归咎于老板，整天抱怨公司和老板不能提供良

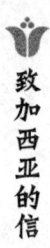

好的工作环境。但是，事实上，我们却发现，即使在管理机制良好的公司，员工同样也不安分，跳槽现象也频繁发生。因此，我们不得不将视线转移到员工本身的心态上来。结果发现，在多数情况下，并非公司和老板应该对跳槽负责，问题更多在于员工对于自身目标以及现状缺乏正确的认识。他们过高估计了自身的实力，对那些向他们抛出橄榄枝的公司存有过高的期望。

当这种风气蔓延到整个商业领域时，受到这样风气的传染，许多具有一定忠诚度的员工也加入到跳槽大军中，使整个职业环境持续恶化。

缺乏忠诚度，频繁地跳槽，直接受到损害的是企业，但从更深层次的角度来看，这种频繁更换工作的行为对员工的伤害更深，因为无论是个人资源的积累，还是所养成的"吃着碗里望着锅里"的习惯，都让员工价值有所降低。员工们根本无法选择自己的发展方向。因为他们中的绝大多数人对自己的内心需求并没有认真思考过，对自己奋斗的目标也没有清晰的认识。

恐怕要走几条路，人的这一生才能达到自己想要去的地方。从职业的角度出发，要想最大地发挥自己的价值，或许确实需要调换几种工作，但是这种转换必须依托于整体的人生规划。盲目跳槽，虽然在新公司薪水能有所增加，但是，一旦养成了这种习惯，跳槽不再是目的，而成为一种惯性。

著名银行家克洛斯年轻时也不断在更换工作，但是他始终抱有一种理想——想管理一家大银行。收账员、交易所的职员、木料公司的统计员、簿记员、折扣计算员、出纳员、簿记主任、收银员等他都尝试做过，试了一样又一样，最后才逐渐接近自己的目标。

他说："如果仅仅是为了每周多赚几块钱就换了工作，恐怕我的将来早为现在而牺牲了……完全是因为现在的公司和老板无法再给我带来更多的教益了。我才会换工作。一个人可以通过几条不同路径到达自己的目的地。如果能在一个机构里学到自己所需的一切学识和经验当然很好，但大多数情况下需要经常变换自己的工作环境。面对这种情况，我认为他必须懂得自己为什么要这样做，自己到底想做什么。"

天地之大，总有容身之处。人们在跳槽时如此潇洒，但是真正面对工作时又是如此无奈。在经历了多次跳槽后，一个频繁转换工作的人会发现自己不知不觉中形成了一种惯性：人际关系紧张想跳槽；工作中遇到困难想跳槽；看见好工作（无非是多挣几个钱）想跳槽；甚至仅仅觉得下一个工作才是最好的就下意识地想跳槽。似乎一切问题都可以用转移阵地来解决。这使人常常产生跳槽的冲动，甚至完全不负责任地一走了之。久而久之，自己不再积极主动克服困难了，也不再勇于面对现实，而是在一些冠冕堂皇的托辞下回避、退缩。这些理由无非是老板不重视，与自己的兴趣爱好不相符，命运不济，别人不理解，怀才不遇等，他们总是幻想着到一个新的单位后所有问题都迎刃而解了。

现在，成就事业最宝贵的忠诚和敬业精神，年轻人已经丧失了。他们变得心浮气躁，遇到难题就退缩，凡事浅尝辄止，这山望着那山高，空有远大理想，无心执着追求。这真是个人之悲，国家之悲，社会之悲！

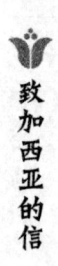

换工作前先换一下心情

在你的成长过程中，每一份工作都是最重要的资源，它们都会给你带来一些宝贵的经验。因此，当你萌生另起炉灶、转换门庭的念头时，不妨先转换一下自己的心情，换一个新的角度审视自己的工作、公司和自己的老板，或许离职的想法会就此打消。

职场生涯换几份工作是正常的，但是，每一次转换是否真的提升了你的人生价值（并不仅仅是薪酬的提高）？是否真的为你带来了正面的效应？这是必须深思熟虑的问题，尤其是在辞职前。许多人盲目地跟着潮流走，只一味看到新公司、新工作、新老板表面的优点，却没有反思自己的心态和工作态度，轻易地放弃原本熟悉的工作，结果却陷入更为恶劣的工作环境中。

在事业不如意时，一般人常常不会追根究底，寻找自己真正问题所在，他们通常总是期待根据自己的意愿改变环境或者他人。一旦过高的期望值落空，自己的情绪就会变得十分低落，心里就会产生失望与无助的情绪，进而产生转换门庭的想法。对此，我的看法是，在跳槽前，先进行一下自我反思，也许你会发现，对工作的态度与认知的转换，可能才是解决问题的最根本的方法。

研究人员发现，转换门庭想法的原因大概分为以下几种，看看自己属于哪一种情况，并且对症下药，消除不良心态：

——薪资不高。

要知道你做出的贡献往往和你的薪资待遇成正比，如果你能长期付出，对待自己的工作忠诚尽责，老板或主管绝对不会视而不见。此外，在你的工资收入中，除有形的货币以外，也应算算隐形的收入，譬如技能培养、良好的人际关系和丰富的工作经验等。

——无法充分发挥自己的才能。

你在现在的公司发展空间还有多大？对自己的专长和兴趣了解吗？对于这些问题，你不仅要认真反省，也要和老板多多交流。"天生我才必有用"这句话虽然有道理，但是要灵活运用，必须和老板共同努力。做一行爱一行，人有多方面的天赋。只有用心做好每一件事，才能找到更多发展的机会。

——在经营方针上与老板有分歧。

仔细想一想，这种分歧可能是自己太过固执己见，多半并非老板的原因，也可能是你并没有充分表达自己的想法。试着设身处地站在老板的角度，更全面思考公司的发展问题，也许视野会更开阔些，或许许多现实的问题会重新被你发现。如果这样还不能说服自己，那么尝试着适应公司的发展规划吧，适应老板的作风和公司的文化，等待更好的时机来表达自己的意见。

——工作时间过长。

究竟是工作效率太低，还是业务量过重？你应该先问问自己。如果是前者，那么努力提高自己的技能才是正确的态度。如果是后者，则应该主动地寻求老板的支持，并且找出具体的解决方法，而不是逃避。

——对公司的职场气氛不满。

想一想，究竟是自己太褊狭，还是整个公司的工作氛围太

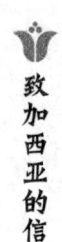

差？如果不从心理上解决问题，无论去哪个公司都会感觉到压抑。遇到与老板、同事关系紧张时，不要总是站在自己的角度去思考，凡事反求诸己，就能看到另一片天空。试一试用自己的宽容大度和幽默来改善工作气氛吧！

——教育训练不足。

工作如果充满挑战性，压力必然很大。是否能在工作中获得长足的进步，培训和教育并非最重要的因素，更多的还是取决于你的态度。一群和睦相处的同事、一个优秀的老板，可能比死板的培训和教育让你获益更多。

——升迁渠道僵化。

究竟是你的能力不佳，还是老板用人唯亲？最近公司是否有人获得升迁？不要嫉妒他人，不能先入为主地认为他人的升迁不过是靠关系、靠拍马屁，应该努力去发现那些自己所不具备的优秀的品质和卓越的能力，并对照自己的问题不断改正。

——交通不便。

可以早点起床，可以改变晚睡的习惯。惰性每个人都有，但在工作的态度上，只有勤劳才会有收获，这是最基本的成功法则。然而，令人奇怪的是，许多人不是以工作为中心来转换居住地点，而是以自己的居住地为中心来寻找工作。

——对行业前景及公司未来感到不安。

俗话说，景气时有赔钱的公司，不景气时也有赚钱的公司。需要有专业而理智的判断才能谈公司或行业的前景，而不要把这当成逃避责任和压力的借口。试着多问问自己，是否积累了足够的专业技能。

往往在经济衰退、公司经营业绩不佳时，最能体现员工的能力和忠诚度。

——自己的能力未受肯定。

有时我们会高估自己的能力，一味地觉得自己怀才不遇。实际上，孤芳自赏只会令自己在职场中被别人嫌弃。多和老板谈谈自己的抱负和工作理想，多参加一些重大项目，也许能对自己的能力有一个正确的评估。

如果你是忠诚的，你就会成功

忠诚是一种美德，一位成功学家说："如果你是忠诚的，你就会成功。"一个对公司忠诚的人，实际上不是纯粹忠于一个企业，而是忠于人类的幸福。

如果你不用为自己的声誉担忧，那是因为你拥有健全的品格。正如托马斯·杰弗逊所说：敢作敢当的人就是成功的人。如果你认为并且坚信自己是个诚实可信、和善、谨慎的人，由衷地相信自己的品格，那么，你的内心就会产生出非凡的勇气，而无惧他人对你的看法。

忠诚是一种特质，是一天24小时都伴随我们的精神力量，它能带来自我满足、自我尊重。人既可以充分控制和掌握无形的自我，引导我们获得名声、荣誉及财富，又可以将我们放逐到失败的悲惨境地。

忠诚和努力是融为一体的。忠诚的人没有苦恼，也不会因情绪的波动而困惑。忠诚是生命的润滑剂，它坚守着生命的航船，即使船就要沉没，它也会像英雄一样，在歌声中随着桅杆顶上的旗帜一起沉没。

人类最重要的美德之一就是忠诚。忠实于自己的老板，忠实于自己的公司，与公司与同事们同舟共济、共赴艰难，你将获得一种集体的力量，人生就会变得更加饱满，工作就会成为一种人生享受，事业就会变得更有成就感。相反，那些两面三刀、言而无信的人，整天陷入尔虞我诈的复杂的人际关系中，玩弄各种权术和阴谋于上下级之间、同事之间的人，即使暂时得以提升，取得一点成就，但他所获得的终究不是一种令人愉悦的事业和理想的人生，最终受到损害的还是他自己。

对于经营者来说，需要的是有责任心的普通员工，中层员工不但要有责任心还要有上进心，而对于高层人士来说，最重要的是对公司价值观的认同，要有和公司一同发展的事业心。

因此，越往高处走，对忠诚度的需求就越高；相应地，你的忠诚度越高，就越有可能获得提升。

忠诚不是凭口说说而已，还需要经受考验。你对公司是否忠诚？是否忠于老板？如何能证明你是忠诚的呢？所谓患难见真情，忠诚也是如此。能够检验员工忠诚度之时，正是企业面临危机之际。但是，毕竟一个企业不可能总处在危机中，发展时期又会怎样来检验员工的忠诚度呢？于是，制造危机成为老板们想办法来"测试"员工的方式。

查理在某大公司应聘做部门经理，当时老板提出要有一个考察期。但令查理没想到的是，居然是把他安排到基层商店去站柜台，做销售代表的工作。查理一开始觉得有点难以接受，但还是耐着性子坚持了三个月。后来，他认识到，自己对这个公司并不十分了解，对这个行业不熟悉，的确需要从基层工作学起，才可能全面了解公司，熟悉业务，何况自己拿的还是部门经理的工资呢。

他坚持下来了，虽然实际情况与自己最初的预期有很大的差距，但是查理懂得这是老板对自己的一种考验。三个月以后他已经全面承担部门的职责，并且充分利用三个月在最基层工作的经

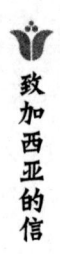

验，带领团队取得了良好的业绩。半年后，公司经理调走了，他被提升上来了；一年以后，公司总裁另有任命，他被提升为总裁。在谈起往事时，他颇有感慨地说："当时心中有很多怨言，但还是坚持工作。后来我才意识到这是老板在考验我的忠诚度，于是坚持了下来，最终赢得了老板的信任。"

其实，在一切商业经营活动中，承担的风险最大的就是老板。企业破产了，员工可以转换工作，老板恐怕就要跳楼了。因此，反复折腾员工的忠诚度是许多老板经常做的事，因为他要为公司可能出现的危机做好充分准备。因为他相信忠诚是考验出来的，不是嘴上说的。也许你的老板不断折腾你，但这可能正是器重你的信号，他正在考验你的忠诚度，以便为其重用。

无论是出于什么原因接受"老板"的折腾，忠诚都是一种情感和行为的付出。当你开始付出时，你将很快会得到收获。有一则古老的传说，讲述一位沙漠中的旅行者已口渴难耐，他来到沙漠中的一口井前。一张便条贴在井壁上，向路人说明附近埋了一个水瓮，可以用来引水。便条上写着：收受之前先付出。于是，究竟是喝掉瓮里的水，还是用少量储存的水汲引更多冰凉而纯净的水，成为了摆在旅行者面前的两种选择。

收受之前先给予。你不能期望先获得丰厚的报酬，然后再决定是否给予回报。正如法兰克·洛兰牧师曾经说过的："如果你忠实于他人，有可能会受到欺骗，但是如果你忠诚不足，就会活得十分痛苦。"

人世复杂，瞬息万变，思想深植于心灵，每个人对于人生的理解都千差万别。人们常常会认为，虚伪的人功成名就，坦诚的人却穷困潦倒。这种看法实际上往往只看到事物的表象，是一种错误的见解。不诚实的人可能具有他人所没有的美德，诚实的人也可能有别人所没有的陋习。因为诚实而获得丰富的回报，同时也必须接受陋习给自己带来的惩罚，不诚实的人同样也承受着自己的痛苦与快乐。

因为虚荣心，人们往往就自以为是地认为因为美德才遭受苦难。一个人只有净化自己的心灵，消除思想的杂念，才能真正认识到自己遭受的苦难实际上是造物主对美德的考验，而非对恶行的惩罚。

请记住：每次当你为他人加倍付出一分，他就因此对你多承担一份义务。如果你真诚对待你的老板，相信他也会真诚对待你。

忠诚并不是从一而终，而是一种职业的责任感。忠诚不是对某个公司或者某个人，而是一种对职业的忠诚，是承担某一责任或者从事某一职业所表现出来的敬业精神。

一个人可能会频繁换工作，但当他在哪个职位时便忠诚于哪个岗位，表现出对所从事的职业高度的责任感。也许正是这种态度，使他们常常保持相对的稳定性。

对于企业来说，忠诚能带来很多的效益，提升竞争力，增强团队凝聚力，降低管理成本；对于员工来说，忠诚能带来安全感。因为忠诚，我们对未来会更有信心；因为忠诚，我们不必让神经过于紧张。

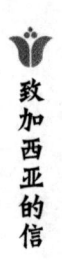

做一个诚实守信的人

经常回顾一下自己的所作所为,你有没有为自己的诚实而自豪?如果没有,那你应该好好反思一下,想一想,做出那些不诚实的行为和举动是为什么?这样做值得吗?如果当时能诚实守信,事情的结果会不会更好?

如果你能从错误中学习,并说服自己成为一个诚实可信之人,你就是一个可造之才。

人无信则不立,自己的生活和事业会因为良好的信誉而带来意想不到的好处。诚实、守信是形成强大亲和力的基础。别人产生与你交往的愿望就是因为你的诚实守信,在某种程度上,诚实守信会消除不利因素带来的障碍,使困境变为坦途。

人际交往中最重要的砝码就是以诚相待,诚信的办法能解决大多数矛盾。只要真诚待人,就能赢得良好的声誉,获得他人信任,将潜在的矛盾化解在无形之中。

要求报酬的诚实,算不上是诚实。诚实是不分程度、没有等级的,诚实就是绝对的诚实。不论是否诚实,人们都不是为了交换报酬而要求诚实,诚实本身就是奖励,它是人类行为最有成效的一种。诚实的人无须忧虑是否会被揭穿,也从不担心向谁撒了什么谎,所以,他们可以集中心力,做一些更有意义的事情。

不诚实的人,最初可能是毫无恶意地撒个小谎,但久而久之不诚实就会形成一种习惯,成为理所当然。小谎言需要撒无数个大谎言来掩饰,然后,谎言就会愈扯愈大。

永远都别尝试说谎,也别占取任何不属于自己的东西,只有这样你才能内心安稳而平静。

人们都会喜欢和诚实的人交往共事。也许你无法让所有的人都喜欢你,但是至少可以让大多数人都信赖你。心思纯洁的人会渐渐养成自律的习惯,周围充满宁静和平的氛围。诚实的人会逐渐形成宽容博大的胸怀,周围充满微笑和友爱。

那些讨厌正直诚实的人,机会也同样讨厌他们。

不诚实的人,在工作中总有发表意见的时候,他可能暂时表现出一副诚实的面孔,将自己伪装,但是他的所作所为人们最终还是能够了解,因为他们会通过一个人的行动而非言辞来加以判断。如果一个人一向说的比做的多,请即刻立下誓言,改变自己的习惯吧!

这是一个真实的故事,故事主人公是我的一位客户,也是一名年轻人。前来咨询的时候,他总是抱怨这家公司过于守旧,抱怨自己不受重视,薪资调整和升迁都论资排辈,年轻有作为的人没有用武之地——他内心深处有一种强烈的挫折感。在我认识他之时,他正决定离开这家公司。于是,我给他讲了加西亚的故事,他认真听完并且陷入了沉思。

"我懂了!我不为老板所欣赏,是因为老板并不认为我可以独立将信送给加西亚。并不是我不善于交流,也并非我没有才能,而是缺乏那种值得信任的品质。"

他开始反思自己的问题,这表现在许多方面,包括过于随意开口,喜欢自我表现,逞口舌之能;做事粗心,虎头蛇尾……于

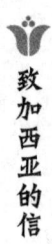

是，他针对这些问题进行了调整，工作态度大大改观了。

伊丽莎白是一家大型公司的资深人事主管，在谈到员工录用与晋升方面的尺度时，她说："我不知道别的公司在录用及晋升方面的标准，我只能说，我们公司非常重视应征者对金钱的态度。我们公司是不会雇用那些在金钱上有了不良记录的人。很多公司也跟我们一样，很注重一个人的品行，并且以此作为晋升任用的标准。如果品行有污点，我们是不会聘用他的，即使应聘者条件优越、经验丰富。这样做的理由有四点：第一，在金钱上毁约背信，就表示在人格上有所缺陷。我们认为一个人不仅要对家庭有责任感，还要对雇主守信。但是，今天很多美国年轻人却对此不以为然。他们认为'每家商店都有上百万的资金，我不付款它也倒不了'，或者'银行的钱那么多，即使我不偿还债务也没关系'。但是欠债必须还钱，买东西必须付钱，这是天经地义的事。在金钱上不守信用，就与偷窃无异。第二，如果一个人在金钱上失去诚信，他对任何事都不会守信用。第三，一个没有诚意信守诺言的人，他在工作岗位上必定也会玩忽职守。第四，一个连本身的财务问题都无法解决的人，我们是不任用的。因为假如他财务问题频出的话，容易导致犯偷窃和挪用公款的罪行。在金钱方面有不良记录的人，犯罪率是普通人的十倍。当我们支出金钱时，一定要诚实守信，这一点也同样适用于我们为人处事。"伊丽莎白的用人标准说明了这样一个问题：衡量人品行的诚实是一把尺子。这把尺子对于古今中外所有人都适用。诚实守信是一个人品行的证明，同时，它还让人树立起对家庭、对社会的强烈责任感。

世界上任何工作都没有贵贱之分，只有简单与复杂之分。那些能够欣然接受任何工作，有能力并且积极肯干的年轻人，每天都向世人证明自己是值得信赖的，是具有价值的。这样的年轻人，迟早会得到提升。

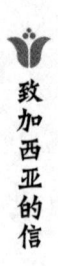

让自己无可替代

一位成功人士曾聘用一名年轻女孩当速记员,让女孩替他拆阅、分类信件,薪水和相关工作的人一样。有一天,这位成功人士口述了一句格言,要求她用打字机记录下来:"请记住:你唯一的限制就是你自己脑海中的那个限制。"她将打好的文件交给老板,并且有所感悟地说:"你的格言对我的人生太有影响了,令我深受启发。"

这件事并未引起这位成功人士的注意,但是,却在女孩心中打上了深深的烙印。从那天起她吃完晚饭后就回到办公室继续工作,不计回报地干一些并非自己分内的工作,譬如:替老板给读者回信。

她认真揣摩学习这位成功人士的语言风格,以至于这些回信与自己老板一样好,有时甚至更好。老板是否注意到自己的努力,她并没有放在心上,一直坚持这样做。终于有一天,这位成功人士的秘书因故辞职,在选择合适的人时,老板顺其自然地想到了这个女孩。

这个女孩获得提升最重要的原因,就在于没有得到这个职位之前已经身在其位了。在没有任何报酬承诺的情况下,当别人已经下班时,她依然坚守在自己的岗位上,依然刻苦学习,最终使自己有资格接受更高的职位。

故事还没有结束。由于这个年轻女孩能力如此出众,引起了更多人的关注，其他公司纷纷提出更好的条件提供更好的职位邀请她加盟。为了挽留她，这位成功人士多次提高她的薪水。对此，做老板的也没有办法，因为她不断提升自我价值，使自己变得无可替代了。到后来，女孩的薪水与最初当一名普通速记员时相比，已经高出了四倍。

无论你目前从事哪一项工作，每天都得让自己获得一个机会，使你能在平常的工作范围之外，从事一些对其他人有价值的服务。在你主动提供这些帮助时，你应当了解，自己这样做并不是为了获得金钱上的报酬，而是为了训练技能和培养更强烈的进取心。你必须先拥有这种精神，然后才能在你所选择的终身事业中，成为一名杰出的人物。

你以正确的心态提供最优良的服务，就是给自己的最好的推荐。别人对你的看法相当重要。当你被人们认定是一个积极、有重要贡献的人，你就会备受欢迎。同事们会重视你，客户会欣赏你。这些优点如果你能长期保持，你的老板也会重视、奖励你。虽不能一夕成功，却也绝无失败的顾虑。

社会总是需要那些优秀的人才。"适者生存"的法则并不是仅仅建立在残酷的优胜劣汰基础上，而是基于公平正义，是绝对公平原则的一部分。若非如此，美德就无法发扬光大，社会就不能取得进步。那些思虑不周、懒惰的人与思虑缜密、勤奋的人相比，真有天壤之别，根本无法并驾齐驱。

一位朋友告诉我，他的父亲告诫每个孩子："不管未来从事何种工作，一定要全力以赴、尽善尽美。能做到这一点，就不用为自己的前途担心。世界上到处是散漫粗心的人，那些善始善终者始终是供不应求的。"

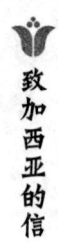

我认识许多老板，多年来他们总是费尽心机地寻找能够胜任工作的人。这些老板所从事的业务并不需要出众的才能，而是需要朝气蓬勃、谨慎与尽职尽责。一个又一个员工在公司来了又走了，他们雇请的许多员工都因为懒惰、粗心、能力不足、没有做好分内之事而被解雇。与此同时，社会上众多失业者却在抱怨现行的法律、社会福利和命运对自己的不公。

一丝不苟的工作作风许多人认为太难了，无法培养，其根本原因在于好逸恶劳、贪图享受，背弃了将本职工作做得完美无缺的原则。不久前，我观察到一位女性，她努力恳求，终获高薪要职。才上任短短几天，她便开始高谈阔论想去"愉快的旅行"。结果到了月底，她便因玩忽职守而被解雇。

正如两物无法在同一时间占据同一位置一样，头脑被享受占据的人是无法专心求取工作的完美表现的。

第四章

对待自己：自信

对那些具有真正的使命感和自信心的人，这个世界会为他大开绿灯。

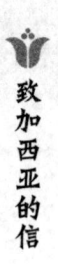

最大的敌人是自己

除了自己，没有任何人可以让你沮丧消沉。

你是否曾经觉察到其实自己就是自己最大的敌人？许多人都有这样的体验，不论做什么事，不管事情的难易程度，他们都竭力去做，结果却往往不能做好。出了问题，也只能责怪自己。但是，正如你最大的敌人是自己一样，你也可能成为自己最好的朋友。你能不能做自己最好的朋友呢？当你了解到世间唯一能左右你成败的人就是你自己时，你就能"化敌为友"了。

一旦你具备了某种品德，能接纳自己，心灵变得成熟起来，你就会欣喜地发现你已经与自己成为最好的朋友了。你就会确定一个长远的目标，修正自己的错误，并着手培养自己的能力。你如果已经开始行动，你就会了解到，正是你自己才是真正能支持你迈向成功之路的人。

"一个人的思想决定他的为人。"这是西方的一句名言。此语概括了人生的全部内容，道尽了人内心的本质。人的行为可以不折不扣地反映人内心的想法，所有思想都汇集在一起，便形成了其独特而丰富的人格。

种子不发芽，何来禾苗茁壮成长？同样的，人内心隐藏的思想的种子，一旦萌芽，便直接体现在人的外在说话、行为举止上。无论是自然行为，还是人们刻意为之的举动，都没有例外。

如果说行为是思想绽放的花朵，那么思想结下的果实就可以被看作是快乐与痛苦。因此，收获快乐还是痛苦，全部取决于自己的思想。思想造就出个性，往往一生命运关键性的决定就在于一念之间。如果内心真诚正直，快乐便如影相随，永远陪伴左右。如果人心包藏邪念，痛苦就会接踵而至，犹如车轮一样碾过。

人类是自然造化的产物，并非依靠权谋与投机取巧成长。就像万物因果循环一样，思想同样包含因果的道理。

凭借个人的爱好和机遇并不能形成高尚人格，真正高尚的人格是纯正思想的自然结果，是长期心存正念的报偿。同样的道理，心怀不轨长久积累的后果，就是逐渐形成甚至是卑鄙蛮横的人格。

有一个人非常潦倒落魄，他很想使自己糟糕的处境有所改变，然而他在工作时却投机取巧，敷衍了事。他认为自己的工资太少，在工作上偷懒是应该的。这样的人并不知道改变处境的方法，他的懒惰、自欺欺人的想法，不仅无法让自己摆脱贫穷，而且还会使自己陷于更加困苦之中。

这个故事说明了这样的道理：造成所处环境的原因就是你自身（虽然人们平时并没有意识到）。一方面，一些人不停地对人生目标寄予美好的期望，另一方面却不断抱怨自身的处境，将所有原因全部归咎于他人，因此失败的例子比比皆是。当你不再把环境当作失败的借口，就说明你已经开始真正懂得思想的巨大作用。

一旦对工作的态度开始改变，工作的处境也会随之改变。丰富自己的知识，增强信念，让自己置身于更富有挑战性的环境中，你就能获得更多的机会。一定要努力去做每一件事情。千万不要以为可以脚踩两条船，占尽所有的便宜，这样做即使侥幸取得了成功，也必定是短暂的，很快就会失去。

如同学生必须先掌握一门功课，才能接着学习下一门课程一样，你需要先充分发挥你的能力，才能逐步去拥有你梦寐以求的丰硕成果。如果滥用、忽视或低估我们的能力，即使我们天赋的能力再强，也会慢慢减弱，因为我们的所作所为使我们不配拥有这样的能力。

做自己思想的主宰

凯斯特是一名普通修理工,生活虽然勉强过得去,但离自己的理想还差得很远。有一次,他决定去底特律一家维修公司应聘,希望能够换一份待遇较高的工作。星期日下午他到达底特律,面试时间定在星期一。

吃过晚饭,他独自坐在旅馆房间中,不知道为什么,他想了很多,在脑海中把自己经历过的事情都回忆了一遍。突然间他感到一种莫名的烦恼:自己并非一个智力低下的人,怎么会至今依然一事无成,毫无建树呢?

他取出纸笔,写下四位自己认识多年、工作比自己好、薪水比自己高的朋友的名字。其中两位曾是他的邻居,已经搬到高级住宅区去了,另外两位是他以前的老板。他扪心自问:和这四个人相比,自己有什么地方不如他们?除了工作比他们差以外,凭良心说,比起聪明才智他们实在不比自己高明多少。

经过很长时间的思考和反思,他悟出了问题的症结所在,那就是自我性格情绪的缺陷。在这一方面,他不得不承认自己比他们差了一大截。

虽然是深夜三点钟,但他却觉得自己的脑子出奇清醒,甚至是前所未有地清醒。他觉得第一次认识了自己,发现自己过去很多时候都无法控制自己的情绪,自卑,爱冲动,不能平等地与人交往等等。

整个晚上,他都坐在那儿自我检讨。他发现自从懂事以来,自己就是一个不思进取、极不自信、妄自菲薄、得过且过的人;他总是不自信,不相信自己能够成功,也从不认为能够改变自己的性格缺陷。于是,他痛下决心,自此而后,决不再自怨自艾,决不再有自己不如别人的想法,一定要完善自己的情绪性格,弥补自己的不足。

第二天早晨,他满怀自信前去面试,结果顺利地被录用了。在他看来,这是因为前一晚的沉思和醒悟让自己多了份自信,所以才能面试成功得到那份工作。

在走马上任的两年内,凯斯特逐渐建立起了良好声誉,人人都认为他是一个主动、乐观、机智、热情的人。随之而来的经济不景气,使得个人的情绪因素受到了考验。而这时,凯斯特已是同行业中少数可以继续做生意的人之一了。公司进行调整时,分给了凯斯特可观的股份,并且给他加了薪水。

从凯斯特身上,我们可以看到,并不是所有的成功都建立在你的思想之上,更重要的是要发现自己的缺陷,完善自己的性格。只有这样,才能在事业中不断进步,实现你的梦想。

每个人手中其实都掌握着自己能否成功的关键。思想是一把双刃刀,既能摧毁自己,也能开创一片坚定、无限快乐与平和的新天地。

如果满脑子歪思邪念,则只能沦为禽兽之辈。人只要选择正确的思想,并且坚持不懈,就能达到完美的境地。在这两极中间,存在着各种各样性格的人,每个人都是自己人格的创造者与生命的主宰。

作为思想的主人,力量、才智与爱是一把能够应对任何处境的钥匙，一旦这把钥匙被人们所掌握，这把钥匙自身拥有的一种能蜕变和再生的装置，就会实现人们的愿望。

人们即使处于一种十分悲惨的境遇，仍然能够主宰自己。虽然在这种情况下，他是一个愚蠢主宰，并不能正确支配自己。如果他能开始反思自己所处的境况，并努力地寻找种种人生处世道理的话，就能脱胎换骨，成为能够巧妙引导能力与思想直至获得成功的智者。

只有察觉到其内在的思想规则，人才能成为如此"明智"的主宰，而这需要专注、自我分析与经验。

许多人往往会主动改善自己所处的环境，却没想到要完善自我，于是他们的处境仍然没有得到改变。勇于接受命运考验的那些人，就能够实现自己心中的目标，这个道理放之四海皆准。

别成为心理上的奴隶

许多人认为自己在公司里被老板和上司所压榨、奴役，事实上并非如此。这些人整天抱怨，说自己像一个奴隶一样被人役使。他的内心就渐渐产生了这种低人一等的心态，真正变成了一个奴隶。其实真正压榨和奴役他的不是老板和上司，而是他自己。

要使自己超越奴隶的层次，应该培养高贵的人品。在抱怨自己是别人的奴隶之前，先看看你是否是自己的奴隶。

要敢于正视自己的心灵，深层地反省自我，不要对自己放宽要求。你一定会发现，你的心里隐藏着很多猥琐的欲望和思想，埋藏着不假思索就顺从的习惯或者行为，这些在你平时的行为中比比皆是。

别再做自己的奴隶，改正你的这些缺点，这样就没有人能奴役你了。当你战胜自我就能克服所有的逆境，困难也就迎刃而解了。

不要抱怨被富人压迫。当某天你也成为富人，你能肯定自己不压迫别人吗？假如你过去曾经富有，而且曾经压迫过别人，按照这条伟大的法则，现在你困苦的处境就是在遭受报应。不要忘了永恒的法则对所有人都是公平的，今天压迫别人的，日后一定会遭受压迫，绝对不会有例外的。还是让永恒的正义、永恒的善良留存心中吧！追求无私和永恒的境界，努力摆脱自私与狭隘的思想。试着去深入了解自己的内心,摆脱自己是受害者的错觉,你就会进一步认识到,伤害自己的不是别人,其实就是你自己。

不久前,我应邀前往一家大公司参加年会,并在会上发表演说。会上有一位老人当场宣布退休,公司董事长首先站起来做一次例行讲话,说一些套话,哈利先生对我们公司多么有价值、有贡献,以及现在他要退休,我们对他多么怀念之类。

庆祝大会结束后,哈利先生好像被人遗忘了一样,他用手背轻轻地触了我一下,对我说:"可以给我30分钟的时间吗,我有话要对你说,顺便发泄一下我心中的郁气。"

我无法拒绝这样的请求,于是带着他来到自己下榻的旅馆套房,点了一些饮料和三明治。

"在公司待了那么多年,你可谓是劳苦功高,今天晚上光荣引退,真是一个值得纪念的日子。"我打开话题,然而哈利先生却说道:"我真是不知道该说些什么才好,今天我并不快乐,甚至可以说这是我一生中最悲伤的夜晚。"

"为什么?"我问道。我假装很吃惊,其实我心中已经非常清楚。

"今晚我坐在那里面,只是面对我惨痛的一生而已。我觉得自己一事无成,彻底失败了。"

"你准备做些什么?"我问道,"你现在才65岁而已。"

"我将要搬到老人村里去了,我还有什么可做?我要住在那里直到老死为止,我有一笔不菲的退休金和社会保险金,这些钱足够我养老了。"他很痛苦地说,"我希望这样的日子很快就来临。"

我们陷入了沉默,然后他从口袋中取出今晚才拿到的退休纪念表，说道："我想把这件礼物丢掉，我不希望留下这些痛苦的记忆。"

渐渐地，哈利先生已经放松下来，他继续说道："今天晚上，当乔治先生（该公司的董事长）站起来致辞时，你可能无法想象我当时有多悲伤。我和乔治先生一起进入公司，但是他很上进，晋升很快，我却没有。我在公司领到的薪水最高不过7250美元，而乔治先生却是我的10倍，还不包括种种红利以及其他福利在内。每当我想起这件事，我总是觉得乔治先生并不比我聪明多少，他只是吃苦耐劳，经得起磨炼，能完全投入工作，而我没有做到这一点。

"公司内外有很多机会，我也能得到很多晋升的机会。例如我在公司待了5年后，有一次公司要我到南方去掌管分公司，但是由于我自己感到无能为力而拒绝了。每次当这种绝好的机会到来时，我总是找一些借口来推托。现在，一切都已经过去了，我退休了，我一无所获，两手空空，真是往事不堪回首啊。"

在哈利的一生中，他并没有任何实际目标，一直游移徘徊。他惧怕真正地面对生活，害怕挺身而出，承担责任，活着只是虚度年华。像无数人一样，哈利先生把自己判入终身的心理奴隶的牢笼之中。这种奴隶并不限于某一种类型的工作：每一个地方，我们都能发现这种奴隶，在农场上，在办公室中，在商店里……

很多人都是自己选择成为奴隶，而不是被其他人强迫的。因为他们不知道如何获得解脱，获得自由，所以他们只能选择当奴隶。

热忱是工作的灵魂

我非常欣赏满腔热情,全情投入工作的人。热忱可以借由分享来复制,而不影响原有的程度,它是一项分给别人之后,反而会增加的资产。你要想得到更多,相应地你就要付出得更多。生命中最巨大的奖励并不是财富的积累,而是由热忱带来的精神上的满足。

当你为了使自己的老板和顾客满意,兴致勃勃地努力工作时,你所获得的利益就会增加。

在你的言行中加入热忱吧!它就是成功的基石,同时也是一种神奇的要素,能够吸引具有影响力的人。

友善、诚实、能干、忠于职守、淳朴——所有这些特征,对准备在事业上有所作为的年轻人来说,都是不可或缺的,但是更不可缺少的是热忱,是将奋斗、拼搏看作是人生的快乐和荣耀。

诗人、发明家、艺术家、音乐家、人类文明的先行者、作家、英雄、大企业的创造者——不管他们来自什么种族、什么地区,无论在什么时代,那些引导着人类从野蛮社会走向文明的人们,无不充满热忱。

无论你做什么工作,你都应该使自己的全部身心都投入到工作中去,否则你就可能沦为平庸之辈。做事马马虎虎的人,只能在平平淡淡中了却此生,永远无法在人类历史上留下任何印记。如果你也是这样，你的人生结局将和千百万平庸之辈一样。

热忱是工作的灵魂，甚至就是生活本身。如果年轻人无法从每天的工作中找到乐趣，仅仅是为了生存才不得不完成工作，仅仅是因为要生存才不得不从事工作，这样的人注定是要失败的。

如果年轻人以这种状态来工作，他们一定犯了某种错误，或者错误地选择了人生的奋斗目标，使他们在自己并不适合的职业上白白地浪费着精力，艰难跋涉。他们需要一种潜在力量的觉醒，应当被告知，这个世界需要他们做最好的工作，他们应当根据自己的兴趣将各自的才智发挥出来，根据各人的能力，使它增至原来的10倍、20倍、100倍。

从来没有什么时候能像今天这样，给满腔热情的年轻人提供了这么多的机会！大自然的秘密，将要被那些准备把生命奉献给工作的人、那些热情洋溢地生活的人来揭开。各行各业，人类活动的每一个领域，都在呼唤着满怀热忱的工作者。这是一个年轻人的时代。世界让年轻人成为真与美的阐释者。各种新兴的事物都等待着那些热忱而且有耐心的人去开发。

能够战胜所有困难的强大力量就是热忱，它使你保持清醒，使全身所有的神经都处于兴奋状态，去做你内心渴望的事；任何有碍于实现既定目标的干扰它都不能容忍。

著名音乐家韩德尔年幼时，家人不让他去上学，也不准他去碰乐器。

但这一切都毫无用处，在半夜里他悄悄地跑到秘密的阁楼里去弹钢琴。

巴赫年幼时只能在月光底下抄写学习的东西，连点一支蜡烛的要求也被蛮横地拒绝了。当那些手抄的资料被没收后，他依然没有灰心丧气。

莫扎特孩提时，整天要做大量的苦工，但是到了晚上他就偷偷地去教堂聆听风琴演奏，将他的全部身心都沉浸在音乐之中。

同样地，皮鞭和责骂反而使儿童时代充满热忱的奥利·卜尔更专注地投入到他的小提琴曲中去。

没有热忱，雕塑就不会栩栩如生，音乐就不会如此动人，军队就不能打胜仗，人类就没有驾驭自然的力量，诗歌就不能打动人的心灵，雄伟建筑就不会拔地而起，给人们留下深刻印象，这个世界上也就不会有慷慨无私的爱。

热忱使人们拔剑而出，为自由而战；热忱使弥尔顿和莎士比亚拿起了笔，在树叶上记录他们燃烧着的思想；热忱使勇敢的樵夫举起斧头，开拓出人类文明的道路。

博伊尔说："伟大的创造离开了热忱，任何人都算不了什么。这也正是一切伟大事物激励人心之处。有了热忱，任何人都不可以小觑。"

所有伟大成就的取得过程中最具有活力的因素就是热忱。它被融进了每一尊雕塑、每一项发明、每一幅书画、每一首伟大的诗、每一部让世人惊叹的小说或文章当中。它是一种精神的力量。只有在更高级的力量中它才会生发出来。在那些被个人的感官享受所支配的人身上，你是不会发现这种热忱的。热忱，它的本质就是一种积极向上的力量。

头脑聪明并具有工作热情的人完成的总是最好的劳动成果。

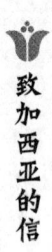

在一家大公司里，一位年轻的同事由于工作热情反而被那些吊儿郎当的老职员们嘲笑，因为这个职位低下的年轻人做了许多自己职责范围以外的工作。但是，不久老板把他从所有的雇员中挑选出来，当上了部门经理，进入了公司的管理层，令那些嘲笑他的人只能瞠目结舌。

成功与其说是取决于人的才能，不如说取决于人的热忱。对那些具有真正的使命感和自信心的人，这个世界会为他们大开绿灯。从开始到生命终结的时候，他们都满怀热情，无论出现什么困难，无论前途看起来是多么的暗淡，他们总是相信能够把心目中的理想目标变成现实。

热忱，使我们的意志更坚强。热忱，使我们的决心更坚定。它给思想以力量，促使我们立刻行动，直到把可能变成现实。不要畏惧热忱，如果有人愿意以半轻视半怜悯的语调把你称为狂热分子，那么就让他这么说吧。一件事情如果是对你的努力的一种挑战，如果在你看来值得为它付出，那么，它就值得你投入其中，把你能够发挥的全部热忱都投进去吧，大可不必理会那些指手画脚的议论。笑到最后的人，才笑得最好。成就最多的，从来不是那些冷嘲热讽、犹豫不决、半途而废、胆小怕事的人。

如果一个人精神高度集中在所做的事情上（他是如此虔诚地投入其中），是根本没有时间去考虑别人的评价的，而世人也终究会承认他的价值。

要充分认识到你所做的工作的价值，它是你对这个世界做出的独特贡献。对你的工作全身心地投入吧！把它当作你特殊的使命，这种信念应该被深深植根于你的头脑之中！

源源不断的热忱，就像美一样，将使你青春永驻，阳光永远都会普照在你的心中。记得有位伟人警告人们说："请用你所有的一切，换取对这个世界的理解。"我要这样说："请用你所有的一切，换取满腔的热情。"

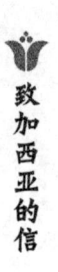

坚韧是生命的脊梁

美国人一向做事急躁冒进,这一民族特性已被世界公认。社会发展巨大的动力源泉就是追根究底、不达目的绝不罢休的精神。然而,这种凡事追求速度的个性也会成为一项缺点,使他们变成全世界最没有耐心的人。

战争时期,我们经常发现士兵们致命的弱点就是缺乏耐心。他们不能沉着应战,经常无谓地暴露在敌人的炮火之中。

商业场上也是如此。在商场常常要求在最短的时间内签约成交,太过于急功近利,通常做不到从容地全盘考虑。由于缺乏耐心,急着想要到手,反而极有可能让那些愿意稍作等待的竞争对手获得优势。

富兰克林说:"有耐心的人,无往而不利。"耐心需要特殊的勇气,对理想和目标全身心地投入,需要坚持到底、不屈不挠的精神。这里所谓的耐心是动态而非静态的、主动而非被动的一种主导命运的积极力量。在我们的内心深处,这种力量源源不断,但必须严密地加以控制和引导,以一种几乎是不可思议的执着,投入到既定的目标中,才具有人生价值。

唯有坚韧不拔的决心才能战胜任何困难。任何人都会相信一个有决心的人,会对他付以全部的信任;一个有决心的人,无论到哪里都会获得别人的帮助。相反,没有人愿意信任和支持那些做事三心二意、缺乏韧性、缺少毅力的人,因为大家都知道,做事不可靠的人随时都会面临失败。

许多人最终没有获得成功,并不是他们没有诚心、能力不够或者没有对成功的渴望,而是缺乏足够的耐心。这种人做事时往往有始无终、虎头蛇尾,做起事来也是草草了事、东拼西凑。他们永远都在犹豫不决之中,始终对自己目前做的事情产生怀疑。有时候,他们看准了一个职业,但刚做到一半,突然又觉得还是另一个职业更为妥当。他们时而情绪低落、沮丧,时而又突然信心百倍。这种人也许短时间能够取得一些成就,但是,从长远的人生来看,最终还是一个失败者。世界上没有一个遇事迟疑不决、优柔寡断的人能够真正成功。

通常,人们愿意信任那些意志最坚定的人。

成功有两个最重要的条件:一、忍耐,二、坚定。别人常常这样发问:"那个人还在奋斗吗?"也就是说:"那个人对前途还没有放弃吧?"意志坚定的人同样也会遇到困难,碰到障碍和挫折,但即使他失败,也不会一败涂地、一蹶不振。

即使感到公司前景不妙,但仍然坚持自己对公司的认同,意志坚决;同时,言谈举止谨慎大方,并能显示富有勇气、忠诚可靠的个性,这样的人才备受许多大公司推崇的素质。缺乏这些品质,无论才识如何渊博,也不会得到老板的认同。

一位经理在描述自己心目中的理想员工时说:"我们所急需的人才,是工作起来竭尽全力、意志坚定、有奋斗进取精神的人。我发现,最能干的人大体是那些天资一般、没有受过高深教育的人,他们拥有永远进取的工作精神和全力以赴的做事态度。做事全力以赴的人获得成功几率大约占到九成,剩下一成的成功者靠的是天资过人。"

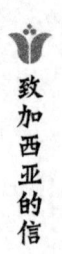

除了忠诚以外，还应加上韧性，这种说法代表了大多数管理者的用人标准。决心固然宝贵，但有时会因力量不足、能力有限而受阻，具有韧性品质的人能够经受挫折，而唯有借助韧性，方能长驱直入，所向无敌。

获得成功的基础是百折不回、永不屈服的精神。库雷博士说过："恒心的缺乏可以归咎于许多青年的失败的理由。"

的确，大多数年轻人颇有才学，具备成就事业的种种能力，但他们的致命弱点是没有忍耐力，缺乏持之以恒的心态，所以，终其一生，只能从事一些平庸的工作。他们往往一遭遇微不足道的阻力与困难，就立刻裹足不前，甚至退缩，这样的人怎么可以担当重任呢？假如你想获得成功，就必须为自己赢得美誉，让周围的人都知道，一件事到了你的手里，就一定会做成。

无论在哪里，一旦你树立了头脑机智、富有忍耐力、意志坚定、做事敏捷的良好名声，你都能找到一个适合你的好职位。与之相反，如果你自己都看不起自己，一味依赖别人，只知糊里糊涂地生活，那么你迟早会被人踢到一边。